ラグジュアリー時計・宝飾のブランディング

早稲田大学ビジネススクールで経営者が語った講義録

長沢 伸也 編

Luxury Watches & Jewelry

グランドセイコー、
A.ランゲ&ゾーネ、
GIA Tokyo、
NADIAのトップが語る

同友館

はじめに

●本書の概要

本書は早稲田大学ビジネススクール（WBS）で開講されている講義「ラグジュアリーブランディング論」および「感性産業&ブランディング論」で、2022～24年度に招聘したゲスト講師のうち、ラグジュアリー時計（ウォッチ）2社および宝飾品（ジュエリー）関係2社のトップ4人によるゲスト講義の講義録です。

そして、時計（ウォッチ）2社および宝飾品（ジュエリー）は典型的な〝感性商品〟であり、これらの会社は典型的な〝感性産業〟なのです。本書は、こうした〝感性に訴える製品やブランド〟=感性商品や、〝感性に訴える製品・ブランドを提供する会社〟=感性産業のブランディングや、〝高くても売れる製品、熱烈なファンのいるブランドづくり〟=ラグジュアリーブランディングの道を探り、これからの日本企業のものづくりやブランド構築に示唆を与える書です。

なお、本書で取り上げる4社のトップとのご縁につきましては、各章の導入部分で紹介しておりますので参照ください。なお、GIAは製品をつくるジュエリー製造・販売会社ではなくジュエリービジネスを支える検査機関ですが、GIAのビジネスを通してジュエリービジネスの理解が深まります。また、高田代表ご自身がラグジュアリービジネスのご経験が豊富ですので取り上げております。

●時計・宝飾は〝感性商品〟時計・宝飾ブランドは〝感性産業〟

時計では、文字どおり「時を計る」という機能価値は重要ですし、動かない時計は論外です。それでは、精度が良ければ良いほど好ましいか、高価格でも売れるのかというとそうではありません。品質管理でいう「当たり前品質」なのです。

日本の時計会社の技術は優秀です。例えば「ソーラー電波時計」は、ソーラー電池を動力としますので、ぜんまいを巻き上げる必要はなく、光に当てて充電しておけば何もしなくても勝手に作動します。さらに電波受信機能を備えていますので、送信所から発信される電波を受信して、時刻を自動で調整してくれます。このため精度（誤差）は「10万年に1秒」です。人間の一生が百年とすれば、精度は完璧といえるでしょう。それでは、「時を計る」と書く時計で、精度が完璧ならば高価かというと、1万円以下のモデルもありますし、高くてもせいぜい20万円程度です（拙著『高くても売れるブランドをつくる！』）。

これに対して、スイス製の機械式時計は、手巻き式ならぜんまいを巻いたり自動巻なら着けた腕を動かしたりする必要がありますし、精度は日差プラス（＋）5秒・マイナス（ー）3秒程度と劣ります。しかしながら、価格は何十万円～何千万円もします。リシャール・ミル「RM 53-02 トゥールビヨン サファイア」に至っては、何と3億円近くします。

この機能と価格について別の本でスイスの時計ブランドを取材した際に訊いてみたら、「確かに日本の時計ブランドの技術は優秀だ。しかし、われわれのブランドの時計は〝タイムピース〟としての魅力に溢れている」と胸を張りました。

時刻はスマホをみればわかるということで、そもそも腕時計を持たない人も多いことも考え合わせれば、もはや時計は〝感性商品〟であり、時計会社は〝感性産業〟なのです。

一方、宝飾品では機能価値はなく、感性価値のみです（長堀ナガホリ社長は使用価値、所有価値、素材価値、情緒的価値に分類しています。217頁「資料3」参照）。ダイヤモンドが純粋の炭素からなる鉱物で、天然の物質のなかで最も硬いからといって、指輪からダイヤモンドの石を取り外してダイヤモンド切削工具の先端に取り付け鉄板を削って役立てたり、その硬さを確認したりする人はいません。したがって、宝飾品も〝感性商品〟であり、宝飾品会社は〝感性産業〟なのです。

●本書の成立経緯

早稲田大学ビジネススクールでは、ビジネス界と密接に連携した教育・研究に注力しており、その取組みの一環として、座学だけではなく、それぞれの立場でご活躍の実務経験者や第一線の研究者の方にゲスト講師としてご登壇いただいております。

貴重なゲスト講義を限られた受講生だけが聴くのではあまりにもったいないということで、講義録として12冊〔注〕をこれまで刊行しております。

各年度でさまざまなゲスト講師をお招きしていますが、2022年度「感性産業&ブランディング論」で株式会社ナガホリ 代表取締役社長 長堀慶太氏、2023年度「感性産業&ブランディング論」でセイコーウオッチ株式会社 代表取締役社長 内藤昭男氏、2023年度「ラグジュアリーブランディング論」でリシュモンジャパン株式会社 A・ランゲ&ゾーネ リージョナルブランドCEO 山崎香織氏、2024年度「ラグジュアリーブランディング論」でGIA Tokyo合同会社 代表社員 髙田 力氏にそれぞれご登壇いただきました。講義録として13冊目になる本書は、各ゲスト講師による講義と受講生との質疑応答を収録しています。

ただし、出版に際して、講義部分および質疑応答ともに、ゲスト講師と各企業の広報ご担当様や編者による加除修正を行っています。

●おことわりと謝辞

本書の企画と編纂および質疑応答の質問部分の校正は編者があたり、講義部分と質疑応答の回答部分の校正は各講演者があたりましたが、内容や構成は編者がその責めを負っていることは言うまでもありません。また、各講演者が語った珠玉の言葉を収録していますが、話し言葉と文字とのニュアンスの差異や、間《ま》や雰囲気が伝わりきれていなかったり、損なわれていたりしたとすれば、編者の力量の限界です。また、諸般の事情により、出版まで時間が経過してしまった内容については、データを最新のものに更新いただきました。

末筆になりましたが、お忙しいなか、ゲスト講師招聘に応じてご出講いただきました内藤昭男社長、山崎香織CEO、髙田力代表ならびに長堀慶太社長に深甚なる謝意を表します。

また、各企業のみなさま、特にセイコーウオッチ株式会社 広報・PR室 原教人部長ならびに渡邊里奈様には原稿のご確認を、株式会社ナガホリ 商品部 大西一樹部長には写真のご提供をいただきました。本書は、講義を熱心に聴講し、活発に質問したWBSの受講生の諸君があってこそです。また、同友館 鈴木良二出版本部長のご尽力により形になりました。ここに厚く御礼申し上げます。

本書を通じて、「感性に訴える製品づくり、ブランドづくり」や「高くても売れるブランド、熱烈なファンのいるブランドづくり」の実際と本講座が広く知られることとなり、さらに、これからの日本企業のものづくりやブランド構築のヒントになれば幸甚です。

2025年小寒 都の西北にて

編者 長沢 伸也

なお、本書は令和7年度日本学術振興会科学研究費補助金基盤研究(C)24K05040の補助を受けた。

〔注〕

●『感性マーケティングの実践――早稲田大学ビジネススクール講義録～アルビオン、一澤信三郎帆布、末富、虎屋 各社長が語る』(同友館、2013年)

●『ジャパン・ブランドの創造──早稲田大学ビジネススクール講義録～クールジャパン機構社長、ソメスサドル会長、良品計画会長が語る』（同友館、2014年）
●『アミューズメントの感性マーケティング──早稲田大学ビジネススクール講義録～エポック社社長、スノーピーク社長、松竹副社長が語る』（同友館、2015年）
●『銀座の会社の感性マーケティング──日本香堂、壹番館洋服店、銀座ミツバチプロジェクト、アルビオン』（同友館、2018年）
●『ラグジュアリーブランディングの実際──3・1フィリップ リム、パネライ、オメガ、リシャール・ミルの戦略』（海文堂出版、2018年）
●『ロジスティクス・SCMの実際──物流の進化とグローバル化』（晃洋書房、2018年）
●『地場ものづくりブランドの感性マーケティング──山梨・勝沼醸造、新潟・朝日酒造、山形・オリエンタルカーペット、山形・佐藤繊維』（同友館、2019年）
●『感性&ファッション産業の実際──ファッション産業人材育成機構、ビームス、山田松香木店、共立美容外科・歯科』（海文堂出版、2019年）
●『ロジスティクス・SCM革命──未来を拓く物流の進化』（晃洋書房、2019年）
●『伝統的工芸品ブランドの感性マーケティング──富山・能作の鋳物、京都・吉岡甚商店の京鹿の子絞、京都・とみや織物の西陣織、広島・白鳳堂の化粧筆』（同友館、2019年）
●『感性産業のブランディング──グランドセイコー、ファクトリエ、超高密度織物DICROS、伝統工芸ブランドHIRUME』（海文堂出版、2020年）
●『老舗ものづくり企業のブランディング──鎚起銅器・玉川堂、香老舗松栄堂、京唐紙・唐長、甲州印伝・印傳屋上原勇七』（同友館、2020年）

目次

1 グランドセイコーのマーケティング戦略
——日本独自のラグジュアリーブランド確立

2 A・ランゲ&ゾーネ　日本におけるブランドマネジメント
――世界最高水準の時計をお客様に届け続けるために

3 GIAの宝石鑑定とラグジュアリー宝飾ブランド
――ジュエリーに対する公共の信頼を確保するために

4 日本のジュエリー産業とナガホリの戦略
――オーガニック・ラグジュアリージュエリー「NADIA」を中心に

1

グランドセイコーのマーケティング戦略
――日本独自のラグジュアリーブランド確立

講　師：セイコーウオッチ株式会社　代表取締役社長　内藤　昭男
科目名：感性産業&ブランディング論
日　時：2023年5月20日（土）10時40分～12時20分
会　場：早稲田大学11号館9階905演習室
司　会：WBS教授　長沢伸也

●会社概要●

セイコーウオッチ株式会社
（英語社名：Seiko Watch Corporation）

代 表 者：代表取締役社長　内藤昭男
営業開始：2001年（平成13年）７月
資 本 金：50億円
従業員数：679名（2024年３月31日時点、単体）
　　　　：5,457名（2024年３月31日時点、連結）
事業内容：ウオッチなどの企画・開発・製造および国内外への販売
本社所在地：
　〒104-8118　東京都中央区銀座１丁目26番１号
　TEL：03-3564-2111（代表）

〔講演者略歴〕
内藤 昭男（ないとう あきお）
セイコーウオッチ株式会社　代表取締役社長
1960年生まれ。84年に上智大学を卒業し株式会社服部セイコー（現セイコーグループ株式会社）に入社。セイコーオーストラリア社長、セイコーグループ法務部長、常務取締役、セイコーアメリカ社長などを経て、2019年12月にセイコーウオッチ副社長に就任。21年４月から現職。22年よりセイコーグループ取締役・専務執行役員を兼務。

【司会（長沢）】 今日はセイコーウオッチ株式会社 代表取締役社長 内藤昭男様をお迎えしております。

セイコーウオッチの高級腕時計といえば、何といっても「グランドセイコー」でしょう。「クレドール」や機械式腕時計の「プレザージュ」もありますが、今日は「グランドセイコー」のブランディングを中心にお話しいただくようお願いしております。

私は、「時計」やリシャール・ミル、オメガ、パネライ等の時計ブランドが書名に入った本を7冊ほど出版しております。また、書名にはなくてもラグジュアリー関係で出版している20冊ほどのうち5冊ほどでモンブランなどの時計の事例に言及しています(注)。特に、『高くても売れるブランドをつくる！―日本発、ラグジュアリーブランドへの挑戦―』（同友館、2015年）では、グランドセイコーを取り上げております。レクサス（トヨタ）、クレ・ド・ポー ボーテ（資生堂）と並んで、日本発のラグジュアリーブランドになれる可能性があると力説しております。しかし、そのためには価格が安すぎるなどの問題点も指摘しております。

この本がご縁で、セイコーウオッチの銀座本社で講演したり、グランドセイコーの聖地である岩手県の「グランドセイコースタジオ 雫石」や、長野県の「信州 時の匠工房」と

「マイクロアーティスト工房」をご案内いただいたりする機会を得ました。また、過去にはセイコーウオッチのデザイン部門を統括する執行役員の種村清美様をゲスト講師にお迎えしており、講義録『感性産業のブランディング―グランドセイコー、ファクトリエ、超高密度織物DICROS、伝統工芸ブランドHIRUME―』（海文堂出版、2019年）に所収されています。

本日はいよいよ社長の登場ですが、実は昨年のこの授業でもご登壇いただいておりますす。しかしながら、グランドセイコー Kodo（鼓動）の発売と、その後のさまざまな快挙が目覚ましく、講義録を制作するにしても大幅なアップデートが必要ですので、それよりは最新の状況も含めてもう一度ご講義をお願いした次第です。それでは内藤社長、よろしくお願いいたします。（拍手）

〔注〕

●ジャン＝ノエル・カプフェレ、ヴァンサン・バスティアン共著、長沢伸也訳『ラグジュアリー戦略―真のラグジュアリーブランドをいかに構築しマネジメントするか―』東洋経済新報社、2011年

●ピエール＝イヴ・ドンゼ著、長沢伸也監修・訳、早稲田大学ビジネススクール長沢研究室共訳『「機械式時計」という名のラグジュアリー戦略』世界文化社、2014年

●ルアナ・カルカノ、カルロ・チェッピィ共著、長沢伸也・小山太郎共監訳・訳『ラグジュアリー時計ブランドのマネジメント―変革の時―』角川学芸出版、2015年
●長沢伸也・西村修共著『地場産業の高価格ブランド戦略―朝日酒造・スノーピーク・ゼニス・ウブロに見る感性価値創造―』晃洋書房、2015年
●ジャン＝ノエル・カプフェレ著、長沢伸也監訳『カプフェレ教授のラグジュアリー論―いかにラグジュアリーブランドが成長しながら稀少であり続けるか―』同友館、2017年
●長沢伸也編著『ラグジュアリーブランディングの実際―3・1フィリップ リム、パネライ、オメガ、リシャール・ミルの戦略―』海文堂出版、2018年
●長沢伸也・坂東佑治共著『ハイエンド型破壊的イノベーションの理論と事例検証―リシャール・ミル、トーキョーバイク、ホワイトマウンテニアリング、バルミューダのブランド戦略―』晃洋書房、2019年
●長沢伸也編『感性産業のブランディング―グランドセイコー、ファクトリエ、超高密度織物DICROS、伝統工芸ブランドHIRUME―』海文堂出版、2020年
●長沢伸也編著、杉本香七共著『カルティエ 最強のブランド創造経営―巨大ラグジュアリー複合企業「リシュモン」に学ぶ感性価値の高め方―』東洋経済新報社、2021年
●長沢伸也編著『ラグジュアリー戦略で「夢」を売る―リシャール・ミル、アルルナータ、GIA Tokyo、勝沼醸造、玉川堂のトップが語る―』同友館、2021年
●長沢伸也・石塚千賀子・得能摩利子共著『究極のブランディング―美意識と経営を融合する―』中央公論新社、2022年
●長沢伸也編著、大津真一・熊谷健・杉本香七他共著『感性価値を高める商品開発とブランド戦略―感性商品開発の理論から事例まで―』晃洋書房、2023年

自己紹介と会社紹介

【内藤】 内藤昭男と申します。「グランドセイコーのマーケティング戦略」と題してお話しさせていただきます。

最初に私の経歴から申し上げますと、大学では法律を専攻していました。大学4年のときに1年間アメリカに留学し、戻ってきて大学卒業後、セイコーに入社したのが1984年のことです。

セイコーに入りまして企業法務を担当する法務部に配属となりました。そこで何年か仕事をしたのですが、もともと法律の仕事がしたかったわけではなく、どちらかというとビジネスがやりたかったのです。ところが異動希望を出してもなかなか希望が叶えられなくて、仕方ないのでもう少し法律を勉強しようと思い、入社8年目にアメリカのロースクールに留学しました。法学修士を取得し、帰国後はまた法務の仕事を長く携わっていたのですが、2002年に海外子会社であるセイコーオーストラリアの社長を命ぜられ、4年間オーストラリアで会社経営を経験しました。その後、日本に戻り法務部長を経て役員に就任し、会社経営に携わり現在に至ります。

入社以来、通算で約25年間にわたり法務関連の業務に携わり、その後は2015年から約7年、グランドセイコーを中心に、ウオッチ事業のビジネスに取り組んでいます。

2015年頃にウオッチ事業の担当役員に就任した際、特にグランドセイコーの海外市場での拡大が重要な課題でした。自分自身はマーケティングの経験も知見も乏しく、自分なりに勉強しました。長沢先生の本もいろいろと読ませていただき大いに参考になりました。そのようなご恩があり、先生には大変感謝をしております。

今日の話ですが、腕時計市場のトレンド、それから私どものブランド「グランドセイコー」の戦略について説明させていただきます。皆さんグランドセイコーをご存じでしょうか。聞いたことはありますでしょうか？　なんとなく知っている感じですかね。そのグランドセイコーのマーケティング戦略の柱の一つが、ブランドフィロソフィー「The Nature of Time」です。まずはブランドフィロソフィーをご説明し、続いて、この10年間で大きく変化している広告表現の理由も含めて、ご説明いたします。

さらに最近の動きとして、この1年の動向をご紹介したうえで、現在、私どもが取り組んでいるブランドイメージの転換を説明します。これは私どもだけでなく、ヨーロッパのラグジュアリーブランド、たとえばルイ・ヴィトン・グループ、リシュモン、グッチなど、多くの高級ブランドに共通する取組みです。若い消費者層、若い富裕層など、Ｇｅｎ Ｚ（Ｚ世代）と呼ばれる方々へのブランドアピールを重要視し、私どももこの大きな流れに対応するさまざまな新しい取組みを行っており、その一部をご紹介させていただきます。

腕時計市場の動向

まずマーケットのトレンドについて、この動向を説明いたします（資料1、講演時のデータを更新）。皆さんの中で、スマートウォッチを着用されている方もいらっしゃると思います。近年、アップルウォッチに代表されるスマートウォッチが急速に普及しております。私自身も使用しておりますが、いわゆるフィットビットのようなフィットネストラッカーから、アップルウォッチのように汎用性の高い高機能なものまで、数千円から10万円以下の価格帯で、多種多様な製品がマーケットにあふれ、急速に数量が伸びております。これが腕時計市場における近年の流れの一つです。

資料1　市場動向（スマートウオッチ販売数量：2016〜2023年）

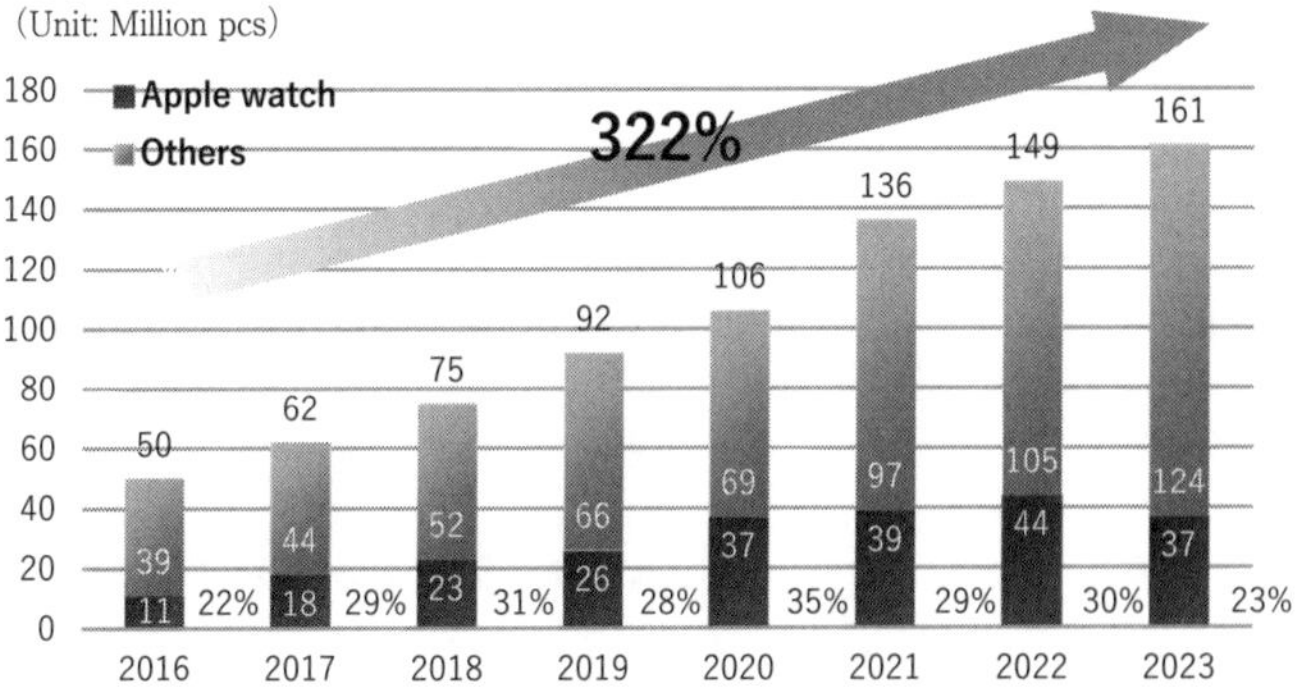

7年間で数量ベースで322%成長！

出所：IDC（Internet Data Center）をもとにセイコーウオッチ（株）が編集

では、いわゆる伝統的な腕時計は売れなくなったのかというと、実は伝統的な腕時計の中で近年売上が拡大しているセグメントがあります。それがこちらのスイス時計の輸出統計です（資料２、講演時のデータを更新）。棒グラフの一番上がいわゆる高価格帯で、輸出価格で３０００スイスフラン以上、つまり小売価格でおおよそ１００万円以上の腕時計を示しています。スイスから全世界への時計の輸出において、１００万円以上の腕時計の比率は、２０００年には全体の３分の１でしたが、２０２１年以降は７割を超え、さらに拡大し続けています。

皆さんが思い浮かべるスイス時計のイ

資料2　市場動向（スイス時計輸出総計：2000〜2023年）

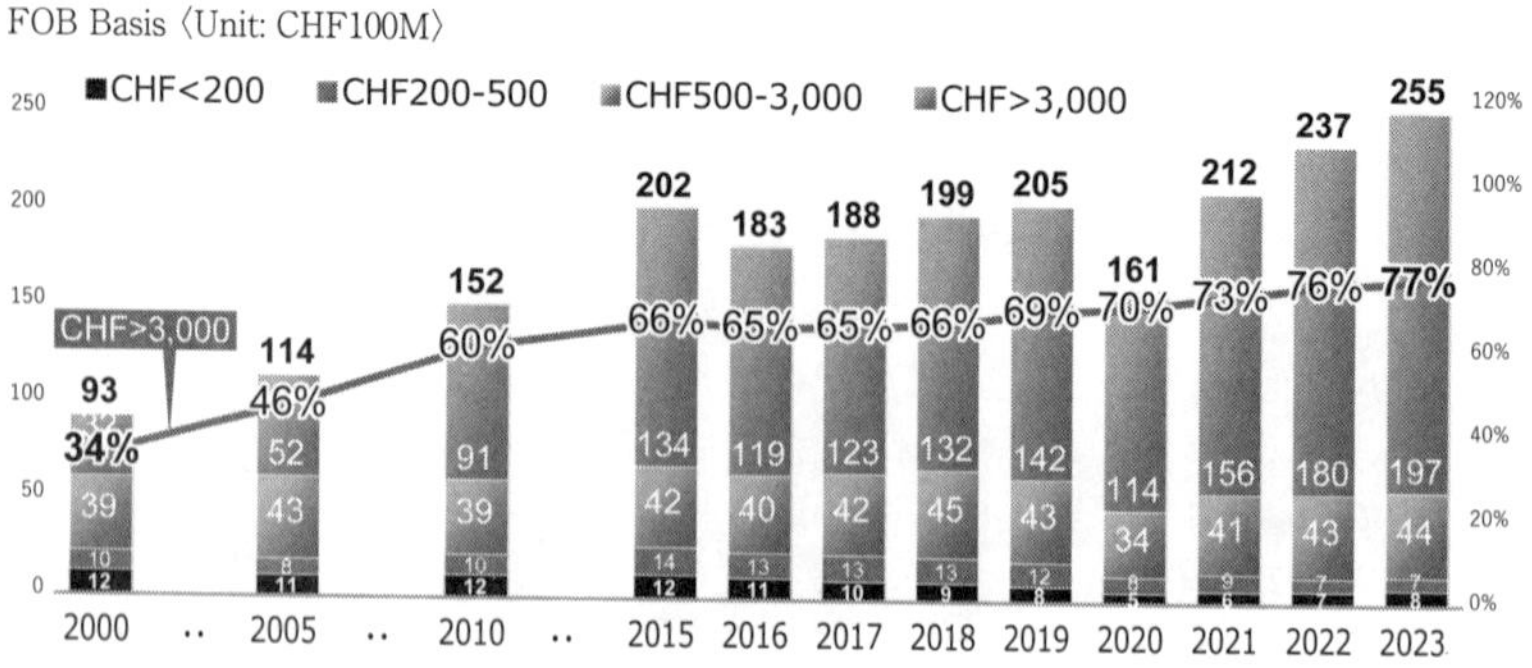

23年間で小売価格100万円以上の高級時計の輸出金額6倍！

出所：スイス時計協会（FH: Fédération de l'industrie horlogère suisse）をもとにセイコーウオッチ（株）が編集

メージは高級腕時計だと思いますが、そのスイスの高級腕時計がさらに高級化、高額化しています。この20年の流れを見ても、数量は増加せず、むしろ減少傾向にあります。つまり平均単価が急速に上昇しているのです。このような高級品の高価格化がもう一つのトレンドです。

では、日本の腕時計市場の動向について説明いたします（資料3、講演時のデータを更新）。まず右肩上がりの折れ線はスイスからの輸入品の平均単価を示しています。2005年には約20万円だったものが、現在では約70万円となり、スイスブランドが高級品へとシフトしていることがわかります。一方、横軸近くの折れ線は日本

資料3　市場動向（日本市場：2005〜2023年）

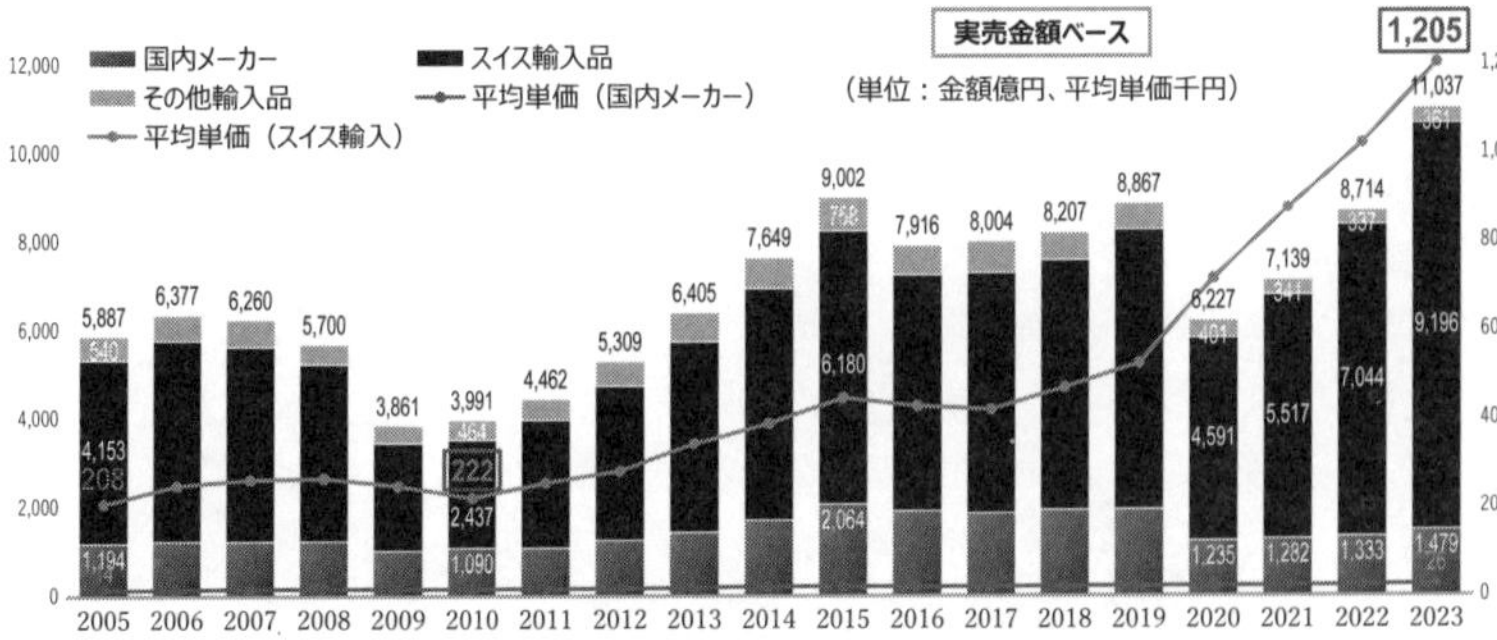

スイス輸入時計（市場の8割強）の平均単価は過去13年間で約5.4倍

出所：日本時計協会をもとにセイコーウオッチ（株）が編集

ブランドの腕時計の平均単価を示しています。残念ながら、メイド・イン・ジャパン、または海外で製造され日本で販売されている日本メーカーの腕時計の平均単価は低いまま推移しています。現在、スイスブランドと価格差が大きく広がっていることがわかります。

２０２０年はコロナ禍の影響で前年から売上が減少しましたが、マーケット全体の売上規模は６２２７億円でした。そのうち、縦グラフの濃い部分で示されている４５９１億円がスイスからの輸入品です。金額ベースで見ると、現在では日本市場の８割をスイスブランドが占めています。場所にもよりますが、時計売場に行くと、セイ

資料4　市場動向（総括）

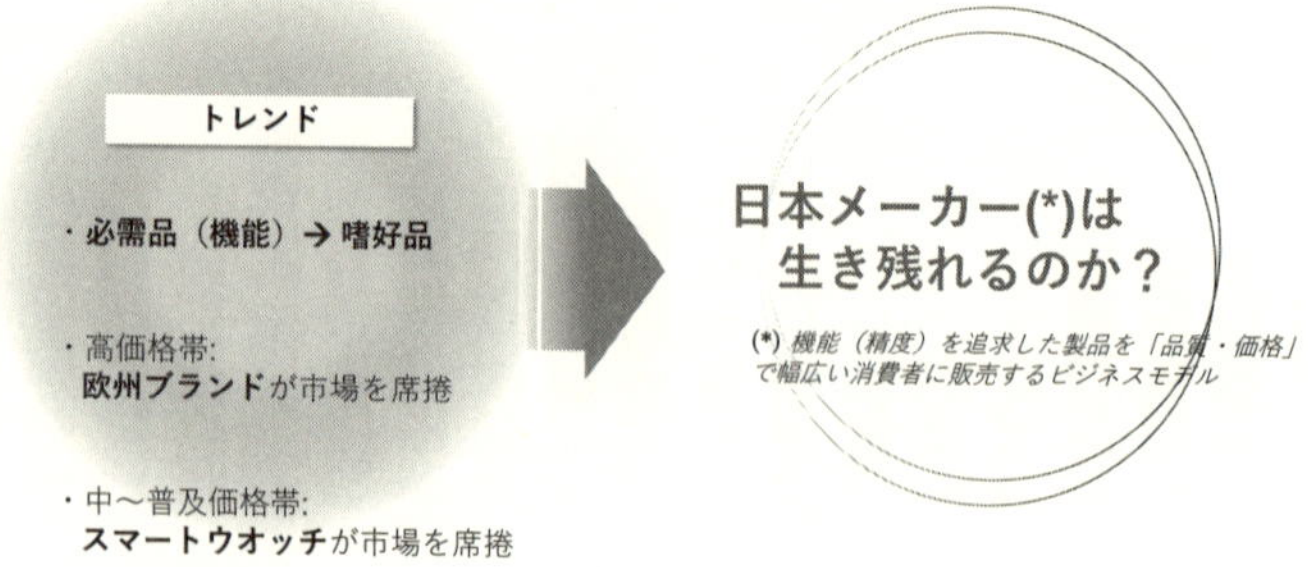
トレンド
・必需品（機能）→嗜好品
・高価格帯:
欧州ブランドが市場を席巻
・中～普及価格帯:
スマートウオッチが市場を席巻
日本メーカー(*)は
生き残れるのか？
(*) 機能（精度）を追求した製品を「品質・価格」
で幅広い消費者に販売するビジネスモデル

出所：セイコーウオッチ（株）提供

コー、シチズン、カシオなどの日本ブランドが目につくかもしれませんが、金額ベースで見るとスイスブランドが圧倒的に日本市場を席巻している状況です。

時計はもともと時間を知るための生活必需品でしたが、現在では嗜好品としての側面が強くなっています。高価格帯の嗜好品は、スイスブランドに代表される欧州ブランドが市場を席巻しています。この傾向は日本だけでなく、グローバルな現象です。一方で、日本ブランドが強かった中価格帯から普及価格帯にかけては、機能面で優れているスマートウォッチが伝統的な腕時計の市場を急速に浸食しています。

日本メーカーはもともと機能性、つまり

時計の精度を追求し、品質の安定性と手頃な価格を重視した製品づくりに取り組んできました。お客様の視点から見たコストパフォーマンスを重視してきたといえます。しかし、現在のトレンドの中で、日本の腕時計ブランドが今後も生き残れるかどうかが、業界としての大きな課題となっています（資料4）。

「グランドセイコー」とは？

では、グランドセイコーとは何かについてお話しいたします。1960年に初代グランドセイコーが発売されました（資料5）。ご存じない方もいらっしゃるかもしれませんが、プリンターで有名なセイコーエプソン株式会社の前身は諏訪精工舎であり、当初は腕時計の専業メーカーでした。この諏訪精工舎が製造し、セイコーウオッチの前身である服部時計店が世に送り出したのが初代グランドセイコーです。当時のセイコーの腕時計づくりの技術を結集し、「世界に通用する高品質で高精度な腕時計を作り出す」という高い志を持って、スイスの高級品に対抗する最高峰の腕時計を世に送り出しました。

資料5　Grand Seiko とは？

グランドセイコー（Grand Seiko）は、スイスの高級時計に対抗すべく「セイコーの時計づくりの最高技術」を結集して1960年に誕生。

原材料から仕上げ加工に至る迄を一貫した製造体制で手掛け、時計としての究極の機能を追求した「最高峰の腕時計」である。

＊最高峰の腕時計とは...

初代 Grand Seiko（1960）

出所：セイコーウオッチ（株）提供

腕時計としての性能や使いやすさ、具体的には装着性、精度、耐久性、視認性を最高の次元で実現したのがグランドセイコーです。余談ですが、セイコーは1913年に日本初の機械式腕時計を製造・発売しました。それから約50年にわたり腕時計の製造技術を磨き、スイス製の最高峰の腕時計と対抗できる製品として世に送り出したのがグランドセイコーなのです。

グランドセイコーのマーケティング戦略

私はいろいろと長沢先生の著書を学び、ラグジュアリーとコモディティーの違いについて自分なりに理解しました。コモディティー商品は基本的に「機能と価格」の比較優位性で競合品と競争します。簡単にいえば「こちらのほうがあちらよりコスパがいいね」という理由で選ばれる、これがコモディティー商品ですね。

一方、ラグジュアリー商品は異なる要素を持っています。具体的には、ブランドの生い立ちや背景、製造場所や製造者、購入者の特性、ブランドの歴史など、ブランド固有の要素がストーリーであり、とても重要です。言い換えると、コモディティー商品が機能と価格で競合品と比較されるのに対し、ラグジュアリー商品は他との比較ではなく、そのブランドの独自性が好きかどうかという点が購買動機となります。たとえば、エルメスが好きな人は、エルメスというブランド自体を購入したいのであり、価格が安いからといって他社のブランドに切り替えることはありません。これがブランドビジネスであり、ラグジュアリービジネスの本質です（資料6）。

資料6　マーケティング戦略

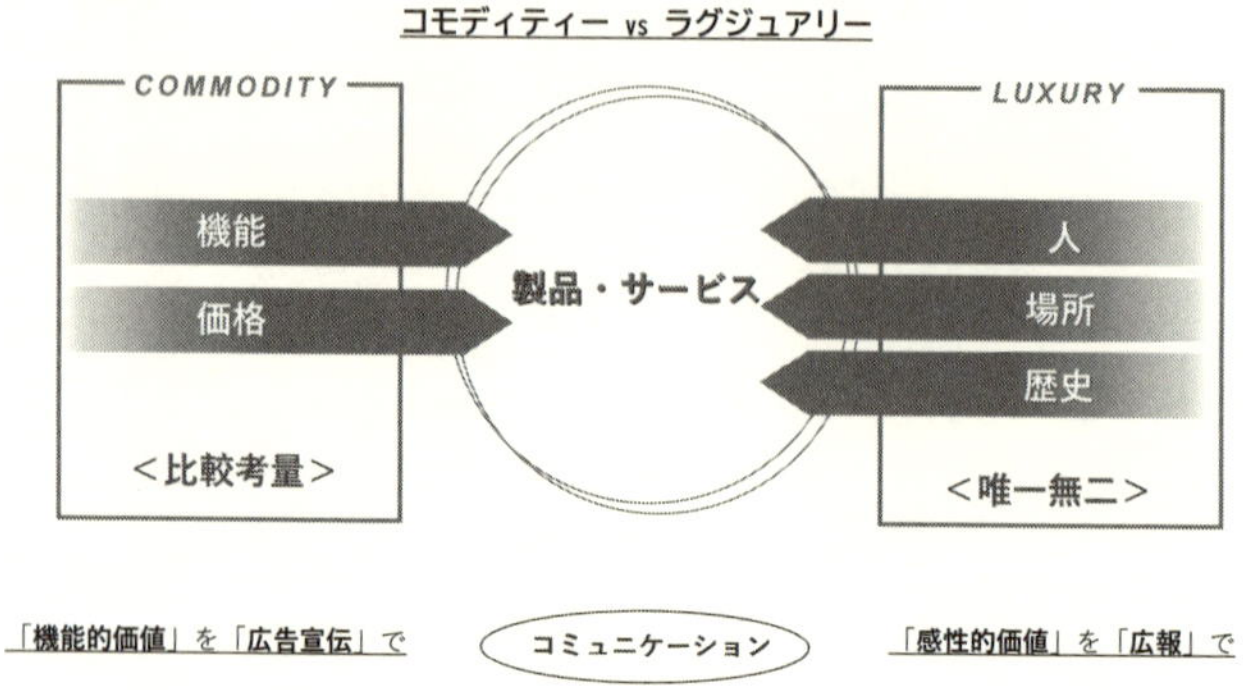

出所：セイコーウオッチ（株）提供

コミュニケーションの面では、コモディティー商品は機能的な価値やコストの安さを強調し、マスメディアを中心とした広告宣伝で広く消費者に周知させることが重要な戦略です。一方、ラグジュアリー商品では、唯一無二のブランドストーリーや感性的な価値を伝えることが重要です。これを実現するためには、広告宣伝ではなく口コミや広報活動を通じてブランドの魅力を広めることが求められます。ブランド自身が直接お金をかけて宣伝するのではなく、世間から「あのブランドはすごい」という風評を自然に形成することが、ブランドのステータスを向上させることになります。

資料7　マーケティング戦略（ブランドフィロソフィー）

出所：セイコーウオッチ（株）提供

・ブランドフィロソフィー「The Nature of Time」

次に、グランドセイコーのブランドフィロソフィーについてご説明いたします。「THE NATURE OF TIME」は、私どもが数年間にわたり標榜している戦略の柱です（資料7）。

「Nature」という言葉には2つの意味が込められています。1つ目は腕時計製造の本質、すなわち腕時計としての見やすさ、精度、美しさを、匠たちが懸命に追求する「クラフトマンシップ」です。これはブランドの持つ機能的価値を訴求するものであり、本質、エッセンス、あるいはオリジンという意味での「Nature」を表しています。

2つ目の意味は「自然」です。日本には四季に彩られた美しい自然の風景があり、その中で育まれた日本固有の美意識と感性がグランドセイコーの腕時計に反映されています。この「THE NATURE OF TIME」という言葉によって、私たちの独自性を表現しています。

その「Nature」の「本質」や「原点」という意味については、これをご覧ください（資料8）。ここでは「グランドセイコーの匠たちが時の本質を追求し続ける姿勢は、日本古来からの『道』のあり方に通じている。技を磨き、精神性を深め、新たな境地をひらいていく」と述べています。これはブランドの歴史や、どのような人がどのような思いでモノづくりに携わっているか、ブランドストーリーにおける「人」の部分を表しています。先ほど述べた「場所と歴史と人」が大切であると述べた点です。

グランドセイコーの工房は現在全国に3カ所あります。その一つが岩手県盛岡市の郊外、雫石町にある「グランドセイコースタジオ 雫石」です（資料9）。この写真に示されている場所で、日夜、研鑽を積んだ匠たちがグランドセイコーを組み立てています。これはブランドストーリーにおける「人」の部分を表しています。

もう一つの「Nature」の意味、「自然」についてですが、日本は四季があります。しか

資料8　マーケティング戦略（ブランドフィロソフィー）

Nature＝ものづくりの「本質」「原点」

THE NATURE OF TIME

それは、時のありのままの移ろい。
時の本質。
グランドセイコーの匠たちが、
永遠に追い求め続けるもの。
日本独自の美意識と精神性。

日本人にとって、
時の本質は、森羅万象とともにある。
光が影をつくり、風が水面を揺らす、
その表情の変化の中に。
絶え間なく移ろいながら、動いていく。

この日本人ならではの感性と精神性、
匠の技とプライドが、
グランドセイコーに魂を与える。

The Spirit of Takumi

グランドセイコーの匠たちが
時の本質を追求し続ける姿勢は、
日本古来からの「道」のあり方に通じる。
彼らは技を磨き、精神性を深め、
新たな境地をひらいていく。

移ろい続ける時間を
時計に具現化するために、
高精度を、視認性を、
造形の美しさを極め尽くすこと。
真の理想の時計を創り出すこと。
匠たちの挑戦に、終わりは無い。

出所：セイコーウオッチ（株）提供

資料9　マーケティング戦略（ブランドフィロソフィー）

Nature＝本質・原点

時計の本質（Nature）を追求し、技術を磨き、伝承する「匠」たち

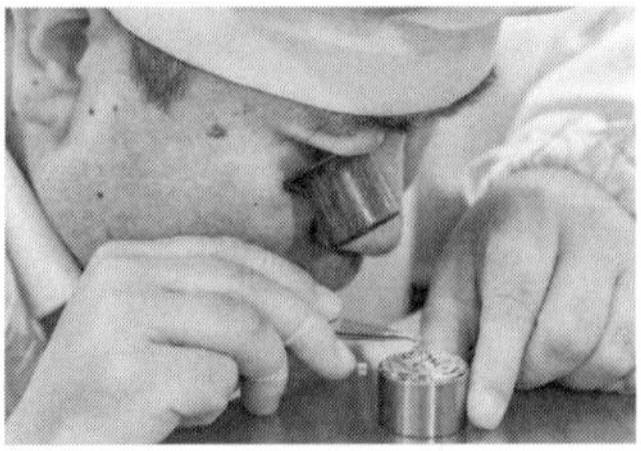

出所：セイコーウオッチ（株）提供

資料10　マーケティング戦略（ブランドフィロソフィー）

Nature＝自然　　　――――24節気モデル――――

春分：花筏　　立夏：薫風　　秋分：月夜　　大雪：深雪

出所：セイコーウオッチ（株）提供

し四季は日本特有のものではなく、ヨーロッパでもアメリカなど、場所によって広く存在しています。ここに示しているのは、2019年にアメリカで先行発売し、その後世界中で発売したグランドセイコーの「24節気モデル」です（資料10）。ご存じのとおり、四季のそれぞれの季節をさらに6つに分け、春分、立夏、秋分、大雪などの名前が付けられています。このように、季節の移り変わりの微妙な変化を愛でる日本の感性を腕時計に込めました。

これらのモデル中でも特に「花筏《はないかだ》」と呼ばれるモデルが人気です。春分の頃、桜が川面に花びらを散らして美しい風景を作り出す様子を表現したもので、このモデルは

資料11　マーケティング戦略（ブランドフィロソフィー）

Nature＝自然

――――――白樺モデル――――――

GPHG
GRAND PRIX D'HORLOGERIE DE GENÈVE
2021
Men's Watch Prize

「グランドセイコースタジオ雫石」がある岩手県平庭高原の白樺林に着想を得た美しいダイヤル

Ref. SLGH005
小売価格：1,276,000円（税込）

出所：セイコーウオッチ（株）提供

欧米を中心に大変な人気を博しました。海外でこのモデルを、日本語そのままに「ハナイカダ」と呼ぶ人も多くいます。

自然を意味する「Nature」の別の事例として、２０２１年に時計業界のアカデミー賞とも称される「ジュネーブ時計グランプリ」で、メンズウオッチ部門賞を受賞した、通称「白樺モデル」と呼ばれる腕時計がございます（資料11）。日本はもとより全世界で、現在も非常によく売れています。このモデルのダイヤルは、岩手県の平庭高原に自生する30万本の白樺林をモチーフにデザインされました。これは、グランドセイコースタジオ　雫石がある岩手県の自然の景観を反映しています。

後ほど若い世代に向けたブランド訴求についても触れますが、「自然をモチーフにした」というような話をすると、ユーザーには「それはどうせビジネスのためのもの」と、冷めた受け取られ方をされがちです。特に若い世代のユーザーは、ブランドが発信している内容が「本物」なのか、それとも「単なる金儲け」なのか、という点に高い関心を持っています。

ご説明したとおり、グランドセイコーが製造されている岩手県には、実際に平庭高原という白樺の美林が存在し、私どもはその美しい白樺を保護する活動に全社を挙げて取り組んでいます（資料12）。こちらの写真には私も写っていますが、セイコーウオッチの社員による平庭高原の森林を保護するというボランティア活動の様子です。当社は岩手県と2021年に包括連携協定を締結しました。この協定には岩手県の自然保護に関する活動への貢献も含まれており、社員の有志が継続的に平庭高原で森林の清掃・保護活動を行っています。この活動は社員の間でも好評で、参加希望者が多く、毎回抽選で参加者を決めています。

またこれは余談ですが、私どもは岩手県と深い縁がございます。メジャーリーグで大活躍中の大谷翔平選手は岩手県出身であり、日本ハムファイターズに入団したときからセイ

資料12　マーケティング戦略（ブランドフィロソフィー）

出所：セイコーウオッチ（株）提供

コーウオッチのブランドアンバサダーを務めていただいています。

その岩手県にあるグランドセイコースタジオ 雫石は、コロナ禍の2020年7月にオープンしました（資料13）。建築家の隈研吾氏が設計を手掛けた、グランドセイコーの「匠の館」は、「The Nature of Time」を体現する工房です。精密な組立て職場ですから、クリーンルームでなければいけないのですが、それを木造建築で実現したのは、数多くの建築設計を手掛けてこられた隈研吾先生をもってしても、「極めて困難だった」と述べるほどのご苦労の末に完成しました。

先ほども申し上げたとおり、私どもはラ

資料13　マーケティング戦略（グランドセイコースタジオ雫石）

・2020年7月オープン
・建築家隈研吾氏による設計
・「The Nature of Time」を体現する「匠の館」
・木造のクリーンルーム（精密加工工場）

出所：セイコーウオッチ（株）提供

グジュアリーブランドには不可欠なブランドストーリー、すなわち製造場所、人、歴史などに焦点を当て、ブランドフィロソフィー「The Nature of Time」に基づき、グローバルにブランドストーリーを発信しています。

次に広告宣伝が具体的にどのように変わってきたかについてご説明します。ブランドフィロソフィー「The Nature of Time」は2018年に表明し、2019年から本格的にグローバル展開を開始しました。2017年の広告ビジュアルをご覧いただくと、最初に機械的な印象を受けると思います。歯車やねじなど、さまざまな部品が写されています。

2017年の広告では、腕時計を駆動させるムーブメント「スプリングドライブ・クロノグラフ」について、広告の中で「400以上の精密部品からできており、技術者の手により、一つ一つ組み立てています」と記載し、機能的価値、つまりハードウェアの魅力を説明しています。

同じモデルですが、2020年の広告では駆動させるムーブメントには全く触れていません。代わりに「信州。荘厳な自然の地」という表現を用いて、この時計が生み出される場所の美しい環境を説明しています。また「光と影が織りなすダイナミックなハーモニー」という感性的な価値を訴求し、同じ腕時計でありながら、広告宣伝のビジュアルや説明を大きく変更いたしました（資料14）。

グランドセイコーのラグジュアリーブランド戦略として、現在、私どもは感性価値をコミュニケーションの主軸に据えています。一方、1881年にセイコーを創業した服部金太郎が残した「常に時代の一歩先を行く」という信条は、今日でも全社員が意識している重要な言葉です。感性価値だけではなく、私どもの「モノづくり」で大切にしているのは、常に革新へのチャレンジ、新しい技術を世に出していく精神であり、この精神がわれわれの企業風土を形成しています。

資料14　マーケティング戦略
（広告表現の変化：機能的価値→感性的価値）

2017
機能的価値の訴求
This Spring Drive chronograph comprises over 400 precisely engineered parts. It is made exclusively by our own watchmakers.

2020
感性的価値の訴求
Shinshu. A land of majestic nature. Here, light and shadow are in dynamic harmony. And Time flows in seamless motion.

出所：セイコーウオッチ（株）提供

・Grand Seiko "Kodo" Constant-force Tourbillon

それが如実に表れた一例が、この腕時計、「グランドセイコー Ｋｏｄｏ（鼓動）コンスタントフォース・トゥールビヨン」です（資料15(a)）。これは、機械式時計の2つの複雑機構（コンスタントフォースとトゥールビヨン）を同軸上で一体化し、安定して優れた精度を実現する、世界初の商品です（資料15(b)）。

開発には10年かかり、2020年に試作品を発表し、2022年に発売にこぎつけ、先ほど申し上げたジュネーブ時計グランプリにて、卓越した精度の時計に贈られる「クロノメトリー賞」を受賞しました。

資料15 Grand Seiko Kodo Constant-force Tourbillon

(a) Ref: SLGT003　　(b) ムーブメント

出所：セイコーウオッチ（株）提供

この時計が駆動する際に発する音、そのリズムがとても特徴的で、「Ｋｏｄｏ」という名前は心臓の鼓動を意味します。その特徴的な音も開発者のこだわりであり、この時計の個性です。この商品は毎年春にスイスのジュネーブで開催される商談会「Watches and Wonders Geneva」で２０２２年にお披露目しました。グランドセイコーは２０２１年からこのイベントに参加し、ヨーロッパブランド以外では私どもが唯一の参加ブランドです。

この写真のとおり、Watches and Wonders Genevaでのキーノート・プレゼンテーションでは、私がグランドセイコーブランドの説明と、Ｋｏｄｏおよびその他の

資料16　マーケティング戦略（Watch and Wonders Geneva 2022）

期日：2022年3月30日～4月5日
場所：スイス連邦　ジュネーブ市
参加：30ブランド（欧州ブランド以外ではグランドセイコーのみ）

出所：セイコーウオッチ（株）提供

新製品を紹介しました（資料16）。

こちらが私どものブースです（資料17）。グランドセイコーは欧州ブランド以外では唯一の参加ブランドであり、和のテイストとブランドフィロソフィー「The Nature of Time」に合わせたイメージの特徴的なブースを設けました。

スイスの地で実施したキーノート・プレゼンテーションでは、グランドセイコーのブランドフィロソフィー「The Nature of Time」と、それに基づく「モノづくりの精神」を中心に、日本ブランドとスイスブランドの違いを明確に伝えることを目指しました。

そのために、日本の匠、つまり日本のク

資料17　マーケティング戦略（Watch and Wonders Geneva 2022）

出所：セイコーウオッチ（株）提供

ラフトマンシップについても触れています。日本の技術者もスイスの技術者と同様に職業として、あるいは生活の糧を得るために時計を制作していますが、日本の技術者は単に仕事としてではなく、少しでもお客様に良いものを作りたいという気持ちから研鑽を積み、己の技術を高め、自分との対話を通じて、妥協のない「モノづくり」を追求するし、単なる職業的な行為ではなく、人生をかけた活動であると説明しました。

そして、「モノづくり」が考え方や身の処し方にも広がっていくことを説明し、これは日本における「道」というコンセプトに通じるものであると述べました。茶道や

資料18　マーケティング戦略（Watch and Wonders Geneva 2023）

出所：セイコーウオッチ（株）提供

華道など、あらゆる文化、芸能、美術における修練に宿る精神性が、日本の伝統やクラフトマンシップに反映されていることを強調し、その日本の伝統やクラフトマンシップからグランドセイコーが生み出されることを海外の方々に伝えました。

今年（講演時の2023年）の3月にもWatches and Wonders Genevaに出展しました。今年は少し内装を変更し、開放的で明るい印象のブースに仕上げました（資料18）。

先ほど申し上げたとおり、2022年11月にジュネーブ時計グランプリにて、卓越した精度の時計に贈られる「クロノメトリー賞」を受賞しました。この写真（資料

資料19　マーケティング戦略
（Grand Prix d'Horlogerie de Genève 2022）

GPHG クロノメトリー賞

Ref. SLGT003
小売価格 4,400 万円（税込）

出所：セイコーウオッチ（株）提供

19）はその受賞後のシーンです。私の周りにいる方々は、メンズウオッチ部門やレディースウオッチ部門など、さまざまな部門賞を受賞した時計ブランドの代表の方々です。グランドセイコーの代表として、私とＫｏｄｏの開発設計者である川内谷《かわうちや》が写っています。あとで「なぜ私だけワイングラスを持っているのか」と言われたりしましたが（笑）。

この腕時計の発売時の日本の小売価格は４４００万円（税込）でした。最大20本の世界限定品として発表したところ、世界中から注文や問い合わせが殺到し、現時点でほぼ完売となりました。

２０２２年11月にジュネーブ時計グラン

プリで賞を受賞し、12月には国際オークションにＫｏｄｏの派生モデルを出品しました。国内価格４４００万円（税込）のＫｏｄｏは、アメリカでは小売価格が35万ドルですが、金を取り入れたり、石の色を変えるなど一部設計を変更し、華飾を加えた一点ものをオークションに出品しました（資料20(a)）。

ジュネーブ時計グランプリで賞を受賞したＫｏｄｏの米国での価格が35万ドルなのに対し、この特別なモデルは47万８０００ドルという高額で落札されました。私どもはその収益の一部を、Ｋｏｄｏ（鼓動）にかけて心臓病の子供たちを支援する財団、アメリカの「チルドレン・ハート・ファウンデーション」に寄付いたしました（資料20(b)）。

このオークションに関しては、グランドセイコーとして史上最高金額で落札されたことや、ジュネーブで発表した初代モデルと比較し、非常に高い金額で落札されたことが話題となり、さまざまな海外メディアに取り上げられました（資料20(c)）。ラグジュアリービジネスでは宣伝広告ではなく口コミや広報活動が重要と申し上げましたが、その点でこのオークションへの参加はグランドセイコーのブランド価値を上げる有効な戦略だったと考えております。

資料20　マーケティング戦略
（国際オークション・2022年12月・New York）

Ref: SLGT003
(SRP US$350,000)

一点ものとして加工

Ref : SLGT001

(a) 華飾を加えて一点ものとして加工

US$478,800 !!!
↑137%
US$350,000 (SLGT003)

The Children's Heart Foundation™
Placing Children at the Heart of Research

※売上の一部を子供の心臓病団体に寄付

(b) 収益の一部を、Kodo（鼓動）にかけて心臓病の子供たちを支援する財団に寄付

The Wall Street Journal
(Dec. 13, 2022)

Forbes (Dec. 12, 2022)

(c) 高額落札が話題に

出所：セイコーウオッチ（株）提供

資料21　マーケティング戦略（地域統括会社と直営店）

社名：Grand Seiko Europe S.A.S.
設立：2020年4月1日
代表：Frederic Bondoux, President

（a）パリ・ヴァンドーム広場

社名：Grand Seiko Corporation of America
設立：2018年10月1日
代表：Brice Le Troadec, President

（b）ニューヨーク・マディソン街

出所：セイコーウオッチ（株）提供

・**流通戦略（地域別本社と直営店）**

もう一つ、ラグジュアリーブランドにとって重要な要素が顧客体験です。カスタマーエクスペリエンス（CX）とも呼ばれます。その意味でわれわれが重要視しているのは、お客様がブランドの世界観を体験できる売場です。特に重要視しているのは直営の売場であり、左の写真は、高級ブランドが集積する歴史的な広場、パリのヴァンドーム広場に、2020年にオープンした「グランドセイコーブティック　パリヴァンドーム」です（資料21(a)）。

この店舗の内装設計も隈研吾氏に依頼しました。隈氏は木造建築、木の使い方に特徴があり、東京オリンピックで使用された新しい国立競技場もその一例です。国産の木材をふんだんに用いた隈氏の美しい建築デザインと、グランドセイコーのブランドフィロソフィー「The Nature of Time」は非常に親和性があります。また、隈氏ご自身がグランドセイコーを愛用しているというご縁もあり、依頼させていただきました。

向かって右の写真は、2024年2月ニューヨークのマディソン街にオープンしたグランドセイコーの旗艦店「グランドセイコーフラッグシップブティック ニューヨーク」です（資料21(b)）。ニューヨークでは高級ブランドのショップが集積している通りに位置し、グランドセイコー直営店としては世界最大の規模を誇ります。「グランドセイコーブティック パリ ヴァンドーム」は、グランドセイコーヨーロッパが運営し、「グランドセイコーフラッグシップブティック ニューヨーク」は、グランドセイコーアメリカが運営します。両社ともセイコーウオッチの海外現地法人です。

また、2022年10月、シンガポールに新会社「Grand Seiko Asia-Pacific」を設立しました。2023年2月には、屋上のプールで有名な高級ホテル、統合リゾート、マリーナ・ベイ・サンズにグランドセイコーの直営店をオープンしました（資料22）。Grand Seiko Asia-Pacific のトップはシンガポール人の女性で、スイスの有名時計ブランドから転職し

資料22　マーケティング戦略（地域統括会社と直営店）

社名：Grand Seiko Asia-Pacific Pte Ltd
設立：2022年10月1日
代表：Ida Low, Managing Director

総面積	800,000 square feet
フロア数	3階～1階、地下1階、地下2階
店舗数	230店舗
消費者国籍	1位 中国 2位 インドネシア 3位 日本 4位 マレーシア 5位 ベトナム
平均購入額	MBS:S$2,406 vs 競合他店舗*:S$1,324 *ION, Ngee Ann City, Paragon, Mandarin Gallery等
消費者購入金額（対2019年比）	+29%
ホテル平均稼働率（2019年）	96%
主なホテル利用客国籍（2019年）	中国、日本、シンガポール、アメリカ、インドネシア

出所：セイコーウオッチ（株）提供

てグランドセイコーに参画してくれました。現在、彼女のもとでシンガポールおよび周辺国でのグランドセイコーの事業戦略が進行中です。

言い忘れましたが、グランドセイコーアメリカの社長も、グランドセイコーヨーロッパの社長も、それぞれの会社の設立に合わせてスイスの高級ブランドのトップポジションから転職して参画してくれました。今日、グランドセイコーの海外における主要な拠点の責任者は、この5、6年の間にスイスの高級ブランドから転職してきた方や、私が一人ひとり口説いて連れてきたメンバーが中心となっています。これらの専門家人材を抜きにして、仮に日本人だけであったなら、グランドセイコーのラグジュアリーブランド戦略をグローバルに推進することは不可能だったと思います。

・ブランドイメージの転換（若い世代に向けた広告および店頭表現）

先ほどから申し上げているとおり、２０１７年まではグランドセイコーは世界に向けて機能的価値を訴求していましたが、２０２０年からは感性的価値を中心に訴求するようになりました（前掲資料14を参照）。２０２３年（講演時）は、この戦略をもう一歩進化させようとしています。２０２０年は感性価値に訴える信州の山並みをテーマにしていましたが、最新の宣伝広告ビジュアルは異なります（資料23）。その変更の目的と併せて、何を変革したか説明いたします。

この資料（資料23）の下部に記載されている新たな表現「Not just telling time, Living in it. Grand Seiko Alive in Time. Alive in Time」を採用しています。これは今年（講演時の２０２３年）からスタートした新しいコミュニケーションのコンセプトです。その意味を日本語で表現すると、「今の一瞬を生きる。次に来る瞬間の新しい可能性を感じながら、気持ちは高まり、胸が躍る。時がいきいきと動き出す。時は、ただ数えるためのもの

資料23　マーケティング戦略（広告表現：感性的価値をより深耕）

2020
感性的価値の訴求
Shinshu. A land of majestic nature. Here, light and shadow are in dynamic harmony. And Time flows in seamless motion.

2023
Emotional Value
Not just telling time. Living in it. Grand Seiko. Alive in Time.

出所：セイコーウオッチ（株）提供

ではない。時に深い敬意を払い、かけがえのない今を、次の飛躍につなげていくために、今、この時代を生きる人へ、Alive in Time. Living in it」になります（資料24）。

グランドセイコーは、ブランドフィロソフィー「The Nature of Time」を継続して発信します。ただし、日本や自然、匠といったテーマを繰り返すだけでは新鮮味が薄れてしまいます。また、若いユーザー、特にミレニアル世代やＧｅｎ Ｚが世界のラグジュアリーブランドの消費を牽引している現実があります。残念ながら、日本では若い世代に富が行き渡っていない社会構造の問題がありますが、海外では若い富裕層が消費の主役として台頭している国が多

資料24　マーケティング戦略（新ブランドイメージ：広告表現「Alive Time」2023年～）

To make every second mean more than the last. To feel the potential in each moment. The heart bursting. The body tingling. The mind reaching. Time comes alive. Each minute, a springboard to the next. Not just telling time Living in it. Grand Seiko Alive in Time.	一瞬、一瞬の今を生きる。 次に来る瞬間の、 新しい可能性を感じながら。 気持ちが高まり、胸が躍る。 時がいきいきと動き出す。 時は、ただ数えるためのものじゃない。 時に深い敬意を払い、 かけがえのない今を、 次の飛躍につなげていくために。 今、この時を生きる人へ。 GRAND SEIKO Alive in Time

出所：セイコーウオッチ（株）提供

く見受けられます。ＩＴ系の方や新しく起業する方々など、購買力のある若い世代です。そのような若い富裕層にブランドをアピールする新しい広告表現、新しいコミュニケーションとして、「Alive in Time」を２０２３年からスタートしております。

顧客体験の面では、お客様との接点となる売場が重要です。２０２２年までのグランドセイコーの売場は重厚感のあるしつらえでした。（資料25ⓐ）。よく言えば高級感がありますが、悪く言うと敷居が高く、少し重苦しいと感じる方もいるかもしれません。

一方、こちらは、２０２３年から導

資料25　マーケティング戦略
（新世代向けのブランドイメージ：店頭表現　～2022年）

(a) 旧店舗（店頭表現　～2022年）

(b) 新店舗（店頭表現　2023年～）

出所：セイコーウオッチ（株）提供

入した新しい店舗デザインです（資料25(b)）。昨年までのデザインとの違いは、全体のトーンだけでなく、接客スペースにもあります。以前はカウンターやショーケースがあり、店員はその後ろに立って説明していました。つまり、ディスプレイやショーケースを挟んで店員とお客様が分離されて対峙していたのです。

新しい店舗デザインでは、お客様と店員を隔てるショーケースがなくなり、隣り合わせで会話できるようになりました。今までより軽快でカジュアルな印象となり、店舗全体が明るく開かれたイメージになり、若いユーザーに親しみやすさを感じていただける空間を提供しています。

資料26　グランドセイコーフラッグシップブティック
銀座並木通り（2023年6月24日オープン）

出所：セイコーウオッチ（株）提供

銀座地区にはすでに「グランドセイコーフラッグシップブティック　銀座」という店舗があり、こちらは銀座4丁目の角にある和光本店の中に位置しています。それとは別に、2023年6月24日、銀座の並木通りに新しいグランドセイコーブティックをオープンしました（資料26）。

並木通りにはスイスの時計ブランドを含む多くの高級ブランドブティックが立ち並んでいます。新しくオープンした店舗は「グランドセイコーフラッグシップブティック　銀座並木通り」という名称の直営店です。並木通りに誕生した新しいグランドセイコーの旗艦店は、先ほどご説明した新しい店舗イメージや新しい宣伝コミュニケーションのイメージを反映させた、グランドセイコーの世界観を体感していただける店舗です。ぜひ一度足をお運びください。

先ほど2月にシンガポールのマリーナベイ・サンズにグランドセイコーの直営店をオープンしたということをお話ししましたが、そのオープニングイベントでシンガポールを訪問した際、シンガポール国立大学のビジネススクールからお声がけいただき、ブランド戦略の講義を行いました。約60人のビジネススクールの学生が参加し、質疑応答も盛り上がりました。その翌日、SNSで講義の様子を投稿してくれる方が多く、私たちの宣伝にもなりました。もしよろしければ、今回も同様に発信していただければと思います（笑）。

本日はご清聴ありがとうございました。

【司会（長沢）】 どうもありがとうございました。（拍手）

質疑応答

【質問者1（佐藤）】 佐藤芳行と申します。グローバルにビジネス展開していくうえで、最初の感性的価値は日本の自然の話であったりとか、日本の和の心だったりとか、日本の歴史とか、そういったところをすごく大事にしていくこのブランディング戦略が、海外もすべて現地の社長とかに任せていくと、それを現地の社長の裁量とかで現地の国に受けるような、評価されるような方向に走ってしまうのではないかとかいうリスクがあるのかなとも思います。その辺はうまく展開されていけるものなのでしょうか。

【内藤】 大変鋭いご質問だと思います。先ほどご紹介した当社の海外現地法人のトップと、さらに組織の次の階層であるマネジメントクラスの人たちは、ほとんどが日本やグランドセイコーが好きで、スイスのブランドから転職してきた人たちです。彼らに対して、私たちは日本の精神性について深いレベルで教えています。彼らはそれを自分なりに理解し、ラグジュアリーブランドビジネスの出身者として、ブランド価値の訴求方法や顧客の受け取り方を熟知しています。

よって、まずはブランドフィロソフィーやブランドの成り立ちをしっかり理解してもらい、各国のスタッフがローカルレベルで戦略を効果的に展開することが重要です。この基本はできていると思います。しかし、それだけですべてが大丈夫かというと、そうではありません。現実問題として、彼らがローカルイベントを行う際に、細かいところで「このデコレーションは日本ではなく中国では？」といった違和感が出ることがあります。韓国、中国、日本の微妙な違いは日本人にはわかりますが、西洋の人たちにはわかりにくいこともあります。たとえば、「この竹の使い方は日本ではない」とか、「この赤の差し色は日本ではない」といった点です。これらの調整は日本のマーケティングスタッフが各国の現場で行う必要があります。これは日々行っている作業です。

【質問者1（佐藤）】 ありがとうございます。最初にちょっと感じたのが、季節のモデルとか、あとは日本の自然をモチーフにした時計の題材とか、日本発、日本から海外に展開していくブランドとしては、日本人としてすごくそういう製品が買われるっていいなと思いました。しかしながら、だんだんだんだんとその辺のテイストが薄くなっていっちゃっているのかなという、その辺のところが気になりました。もしかしたら海外に展開していくにつれて、日本の自然だとか、和の心みたいなところよりかは、海外のＩＴの人に向けて受けるような、そういうビジュアルみたいなところにシフトせざるを得なくなってくるのかなみたいなところのバランスが、ビジネスをしてきて難しいところなのかなと感じながら聴講させていただきました。

【内藤】 ありがとうございます。世界の人々にとっての日本のイメージ、日本の文化や食文化、さらにはアニメなど、日本を代表するイメージは30年前と現在では大きく変わりました。特にここ数年、コロナ禍で日本に旅行できなかった人々が、現在では急速に日本を訪れています。以前は、日本のイメージといえば工業製品（自動車やテレビ）、美しい富士山、芸者などが主でした。しかし、現在の特に若い世代は、子どもの頃から日本のアニメを見たり、お寿司を食べたりして育っています。そのため、日本に対する親近感が大幅に増しています。また、知識人や富裕層の間でも、日本に対する関心や興味がグローバルに広がっていると感じています。

以前のように単に「エキゾチックな日本」への関心ではなく、「日本はわれわれの文化とは異なるが、もしかしたらとても素晴らしいところかもしれない」という興味が高まっています。さらに、「街はきれいで、人は親切で優しい」、「文化や歴史の深みがあり、素晴らしいところかもしれない」という好ましいイメージが広がっています。このように、世界から見た日本の好感度が高まっていると感じています。したがって、私どもは日本のブランドとして、この好感度を背景に、日本の精神性に根差した「モノづくり」を積極的にアピールしていきたいと考えています。

ただ、日本への関心や好感度だけで世界中の人々にブランドをアピールできるほど単純ではないとも考えています。現在、私が取り組んでいるのは、これまで日本人だけで行ってきた商品企画やマーケティングに、各地域の消費者を理解している日本人以外のメンバーを加え、グローバルチームでブランド戦略を推進することです。海外の拠点のスタッフの中から、審美眼やマーケティングセンスに優れた人材を選び、日本の担当者とともにチームを構成します。これは日本の担当者にも高いレベルが求められ、言語のコミュニケーションや日本の文化・伝統の良さ、海外との違いを明確に説明する力が必要です。日本人スタッフも勉強が必要ですが、まずはチームをグローバルにし、「日本人が考える日本発のブランド」から「グローバルブランドとして世界中で共感を得ているが、そのオリジンは日本」という形に転換していくことが重要です。この調整は非常に難しいと思いますが、これを行わなければ真のグローバルラグジュアリーブランドにはなれないと考えています。

【質問者1（佐藤）】 勉強になりました。ありがとうございました。

【質問者2（高柳）】 高柳龍太と申します。本日はありがとうございます。

ブランドのポートフォリオの考え方について教えていただきたいのですけれども、御社の商品としてはグランドセイコーのような高級な時計ばかりではなくて、あとほかにもう少しお求めやすい価格の時計とかもあると思います。そうした場合に、幅広い価格帯に対応することでマーケットに広くリーチできるとは思うのですけれども、一方で価格が安いところのイメージもあると、グランドセイコーのような高級価格帯のブランドの成長を阻害してしまう、そういった難しさもあるのかなと思っていたのですけれども、その点、どうでしょうか。

【内藤】 グランドセイコーはもともとＳＥＩＫＯブランドの一つのコレクションでしたが、２０１７年に独立ブランド化を実施し、ダイヤル上のブランド表記を変更しました。それまでは、ダイヤルの12時位置にＳＥＩＫＯ、6時位置にＧｒａｎｄ Ｓｅｉｋｏと表記されていましたが、２０１７年にＳＥＩＫＯのロゴを外し、12時位置にＧｒａｎｄ Ｓｅｉｋｏを配置しました。これにより、グランドセイコーはＳＥＩＫＯから独立し、別のブランドとして位置づけられました。従来のセイコーブランドの商品ラインアップは、１万円ぐらいからグランドセイコーまで非常に広い価格帯をカバーしており、高価格帯のグランドセイコーをラグジュアリーブランドとして販売する際、低価格品のセイコーのイメージに引っ張られてしまうことが課題となります。ラグジュアリーブランドを好むお客様の中には、「グランドセイコーが良い腕時計であっても、低価格モデルがあるセイコーと同じブランドでは着けたくない」という方もいます。そのため、2017年にグランドセイコーをセイコーの一コレクションから独立ブランド化し、「グランドセイコー」と「セイコー」は別のブランドであることを宣言しました。これは会社として大きな決断でしたが、必要なステップだったと感じています。

ただし、完全に別ブランド化するわけではなく、「Grand Seiko」と「SEIKO」は「SEIKO」という部分を共有しています。そのため、真の別ブランドにはならないという議論もあり、社内では相当に議論しました。私が2016年にアメリカに赴任した際、独立ブランド化前のグランドセイコーはまだセイコーの一コレクションでした。当時はグランドセイコーを高級時計店に売り込む際、「SEIKOは中級デパートで250ドルで並んでいるのに、なぜ高級スイスブランドの売場に割って入ってくるのか」と冷たく言われたこともありました。

そのような環境のなか、議論を重ねたうえで、「私どものオリジンであるSEIKOを捨てたくない。いかにハードルが高くても、SEIKOが含まれているGrand SeikoというブランドでSEIKOとは違うイメージを戦略的に訴求していく」という結論に至り、グランドセイコーの独立ブランド化を決定しました。

セイコーを捨てることなく、グランドセイコーをラグジュアリーブランドとして認知していただくために、さまざまな戦略を展開し、幸いにもこの5年ほどでそれがうまく進んでいると感じています。もちろん、まだ一部の方々には「結局はセイコーなのだから、グランドが付いてもセイコーはセイコー、中価格帯のブランドでしょう」と言われることもあります。しかし、徐々に認識が変わってきているとも感じており、今後もこの戦略を進めていきたいと考えています。

難しさはもちろんあります。セイコー自体も非常に広いデザインや価格帯をカバーしており、完全に別のブランドに分けて商品体系をわかりやすくしたほうがよいのではないかという議論も常にあります。しかし、グランドセイコーに関しては、セイコーのブランドを捨てずに進めていく方針です。

【質問者2（高柳）】 ありがとうございます。

【質問者3（小林）】 小林聡子と申します。3つあるのですが、よろしいでしょうか。

【長沢】 それでは一つずつね。

【質問者3（小林）】 本当に内藤社長のすばらしい手腕、まさに改革だなと感じながらお話を伺っていたのですが、社内の方々とすごく議論されたという話もありました。特に日本国内の軋轢といいましょうか、たとえば日本の職人さんの機能的価値から感性的価値にすることに対するご意見であるとか、直近でされるというマーケティングや開発をグローバルチームにすることとか、そういうことに対して、今、すごくセイコーの成功のお話を伺いました。一方で、裏といいましょうか、とてもご苦労もあったかと思うので、そこについてお伺いしたいと思います。

【内藤】 ありがとうございます。冒頭にご紹介しましたとおり、私はもともとマーケティングの出身ではなく、法務・リーガルが専門です。時計ビジネスについては経験も乏しく、10年ほど前にこの業界に入りました。2015年にセイコーグループの取締役会からアメリカ事業の立て直しを命じられ、アメリカ事業の責任者として赴任しました。その際、当社のOBや社内の同僚、特に海外事業を経験している多くの人たちから「絶対無理だよ」「グランドセイコーはアメリカではうまくいかない」と同情されました。これは、長年にわたるアメリカ市場でのセイコーのブランドイメージの低さや、アメリカのローカル社員にラグジュアリービジネスがわかる人材がいないことが理由でした。

アメリカに赴任した際、約250名のローカル社員が在籍し、着任後、セールス、商品企画、宣伝といった主要部門のマネジャーたちと個別に面接し、グランドセイコーを拡大してアメリカでの事業を立て直す相談をしたものの、全員が異口同音に「無理です」「難しいです」と述べました。彼らの経験上、日本の本社は多くの宣伝費を提供するわけでもなく、市場におけるセイコーのブランド価値には限界があるため、「日本では長い歴史の中で成功してきたかもしれないが、アメリカでグランドセイコーを成功させるのは現実的に無理です」と全員が語りました。

そのような話に、私も「駄目かもしれない」と思いましたが、ネガティブな雰囲気が蔓延する社内にいるのが精神的にきつく、業界の方々と社外で交流するようになりました。アメリカ時計協会（American Watch Association）という業界団体があり、私はセイコーの代表としてその組織の理事になり、さまざまなスイスブランドのアメリカ事業のトップの人たちと交流を始めました。その中には、「グランドセイコーってすごいよね」と言ってくれる方もおり、「なぜ良い腕時計なのにアメリカでは売れていないの？」と疑問を呈されました。「眠れる獅子のようなグランドセイコー」と言われたこともあります。また、「うちの社員には時計オタクが多いが、グランドセイコーが大好きな人間も多い」といった声も耳にしました。

この社内外でのグランドセイコーに対する認識の差に疑問を抱きました。日本の本社や米国の社員がグランドセイコーに自信を持っていない一方で、時計に詳しい社外の人々からは賞賛されるという状況です。もしかしたら、アメリカにおけるグランドセイコーには意外にポテンシャルがあるのではないかと考え始めました。そこで最初に行ったのは、グランドセイコーに自信を持っていない自社の幹部社員に道を譲っていただくことでした。そして、社外でグランドセイコーに共感し、一緒に取り組みたいと言ってくれる方々を迎え入れました。これがアメリカでの改革の第一歩でした。

グローバルチームに関していえば、日本で日本人だけのチームで商品企画や宣伝を検討するなか、突然外国人が入ってくることに対する抵抗感はあります。これは、今まで積み上げてきた仕事のやり方やタイムテーブル、根回しの方法など、暗黙のルールの中に異分子が入ってくることへの抵抗感です。また、長年のやり方で進めてきた人たちからすると、外部から入ってきた人たちに対して「理想論はわかるが、うちの会社の組織ではそれは無理だ」と言いたくなる場面もあるでしょう。そこで、私が横から刺激を与えて「これができなければ駄目だ」と言うことで、軋轢は生じますが、変化も起きます。

変革にとって必要な軋轢や混乱は避けられません。抵抗が見えても、とにかく実行してもらうことが重要です。また、製造技術を支えている匠の人たちについても、従来は技術職の人間が表舞台に出ることは少なかったのですが、ラグジュアリーブランドビジネスにおいて「人」を表現することが大切だと考え、私はこれを変えたいと思いました。そこで、匠の人たちにはブランドの顔として積極的にメディアやお客様の前に出てもらうようにしています。社内には、「高級スーパーの有機農業の野菜コーナーに『私が作っています』という農家の写真があるように、実際に作っている人を前面に出すことでブランドのリアリティーが増し、付加価値が高まる。それがラグジュアリーになるということだ」と説明しています。技術職の人たちも最初は戸惑いがありましたが、最近では気持ちよく取り組んでくれています。

【質問者3（小林）】 ありがとうございます。

【長沢】 では2つめ。

【質問者3（小林）】 「The Nature of Time」のブランドフィロソフィー、あれを社内の新入社員であるとか海外の方に脈々と連綿と受け継いでいく、社内の研修であるとか工夫をどのようにされているのか伺いたいです。

【内藤】 2019年から本格的に取り組み始めたため、まだ3、4年ですが、社内外のイベントで繰り返し説明しており、全社的に定着してきていると感じています。単なる宣伝表現ではなく、たとえば白樺林の保護活動に社員全員で参加するなど、実体験を伴った活動を行っています。なぜ白樺の保護活動を行うのか？　その根底にはブランドフィロソフィー「The Nature of Time」があり、それを実際の行動として実践しています。こうした説得力のある動機から、社員の皆さんにもブランドフィロソフィーの理解が定着してきていると感じています。

【質問者3（小林）】　すみません。最後の一つなのですが、先ほどブランドフィロソフィーの話もありましたが、クレドールのマーケットといいましょうか、どのようにお考えでしょうか。

【内藤】　投資家や証券アナリストからの質問のような感じですね（笑）。私どもにはグランドセイコーとは別に、クレドールという高級ブランドがございます。グランドセイコーは1960年に登場しましたが、クレドールブランドは1974年に登場し、その初代の宣伝キャラクターは長嶋茂雄さんでした。当時は長嶋さんがジャイアンツの選手を引退されて監督になる、そのタイミングで当時国民的なヒーローだった長嶋さんに、宣伝キャラクターになっていただいた歴史を持つブランドです。

長い間、クレドールがセイコーのブランドポートフォリオの中で高級価格帯の商品を代表し、実はグランドセイコーよりもはるかに大きな売上を誇っていた時代が長く続きました。ところが、近年はグランドセイコーをグローバル展開し、ブランドフィロソフィーを表明し、今日説明したようなさまざまなマーケティング活動を実施しました。その過程でクレドールブランドへの投資は必然的に優先順位が下がり、往時の売上との比較でいえば、クレドールは今、高級ブランドとして存亡の危機に瀕していると言っても過言ではありません。

しかし、私はこのブランドを絶対に復活させたいと考えています。2つの高級ブランド、クレドールとグランドセイコーを差別化して両立させる。グランドセイコーでは体現できない「美」をクレドールが体現する。端的に言いますと、グランドセイコーは腕時計としての本質を追求し、見やすさ、堅牢性、時間の正確さといった機能性が、とことん美しさを追求したいという場面ではつくる側の制約になる場合もあるのです。

一方、クレドールは繊細で、グランドセイコーと比べてより美的なアート、工芸品としての美しさというものを追求できると思っています、クレドールとグランドセイコーは両輪でグローバルにラグジュアリーセグメントを大きく取っていきたいと考えています。もちろんブランドイメージの確立など、簡単ではありませんが。いずれにしてもグランドセイコーが拡大した次のフェーズで、私どものラグジュアリーブランド戦略の中心はクレドールになります。

【質問者4（吉新）】　吉新裕司と申します。今日は貴重な講演、ありがとうございました。ちょっと具体的な価格の話というか、先ほど4400万円という金額、ある意味、買うほうは金額の感覚が麻痺するというか、それが6000万であっても、7000万であっても、もしかしたら売れゆきには差がないんじゃないかというふうに感じます。価格にはあまりとらわれず、おそらくグランドセイコーさんのファンになられた方が買うのだと思いました。けれども、価格の戦略というか、ここで4400万円にされた経緯ですとか、今後、もしかするとホームページを見させていただくと、数千万のものから数百万のものまで揃えられていると思うのですけれども、多少、ちょっとずつ上げてもおそらくわからないですね。消費者はすでに値段を超えた価値を買われていくと考えるので、そのあたりの戦略みたいなものがあれば、ぜひ教えてください。

【内藤】　まさに長沢先生のご本に出てくるラグジュアリーとコモディティーの話ですね。価格で比較されないブランドになることができれば、絶対的な価格優位性を持ち、自由に価格を決定し、欲しい人は買うという世界に到達します。ブランドとして徐々にそうなりたいとは思いますが、まだそこまでの自信はありません。4400万円のKodoについてですが、社内には商品企画担当者が値段を決める際の一般的な計算式があります。まず製造原価があり、そこに想定する流通マージンやその他のコストを加え、適正な利益を乗せていくと、小売価格が決まります。

Kodoの場合も、商品企画担当からその考え方に基づき小売価格の案が出てきました。それに対して私から担当者にあえてチャレンジしたのは、ご指摘のとおり数千万円の時計を極めて少数のお客様に販売しようとしているのですから、従来の価格設定の考え方にはとらわれなくてよいのではないか、ということです。競合との関係で市場ではだいたい5万円で売られている時計と同じくらいのものが、7万円では売れないだろうというのとは違うと思いましたので。したがって従来のような、製造原価からの積み上げではなく、この特別なモデルを買っていただいたお客様一人一人に、グランドセイコーの強烈なファンになっていただく方法を考えようということも私は指示しました。たとえばの話として、アメリカの富裕層の方に初めてのグランドセイコーとしてKodoを買っていただいたとします。私どもはその方にぜひグランドセイコーのファンになっていただき、これからもグランドセイコーを買っていただきたいと考えるわけです。そのためにはKodoのお渡しに際して、奥様とその方と、おふたりをファーストクラスで日本にお呼びして、銀座でご接待して、雫石の工房にもお連れして、時計の組み立てをご自分で体験していただいて、さらにはご要望があれば京都への観光旅行をご案内するなど、たとえば1週間の手厚いおもてなしを提供するようなこと。製造原価に加えてそのようなおもてなしの費用を追加した金額をベースに価格設定が可能ではないか？　商品自体の価格が上がっても、お客様がそれ以上の提供価値を感じてくださるのであれば良い、それこそがラグジュアリービジネスではないかと、社内で説明しました。

今の話に矛盾するようですが、Ｋｏｄｏという商品の価格が他の高級時計と全く比較されないわけではありません。スイスブランドの中にはＫｏｄｏと同じではないものの、さまざまなコンプリケーションモデル（複雑機構のモデル）が存在します。実際にわれわれよりブランド力のあるところが複雑機構の時計を出しています。唯一無二の技術とはいえ、それらの商品の価格を無視するのも合理的なビジネス判断ではありません。Ｋｏｄｏを発表する前に、国内の高級腕時計店のオーナーや目利きの方々にヒアリングを行いました。「将来、技術的に唯一無二の新機構の商品を限定本数で発売するとして、グランドセイコーであればどのくらいの価格が妥当か」という話をしました。むろん発表前のため、具体的な説明はできないのですが、共通していたのは「世界で20本、30本の限定品と仮定して、5000万円くらいまでの価格なら比較的簡単に売れる」という意見でした。「それを超える数量と価格だと在庫リスクを考える必要があるかもしれない」というのが、超高価格の腕時計を取り扱っている販売のプロの方々の肌感覚でした。そのような声も参考に最終決定しましたが、さまざまな要素を考慮したうえで、簡単な決断ではありませんでした。

【質問者4（吉新）】 ありがとうございます。

【長沢】 すごく生々しいお話で、驚きました（笑）。

【質問者5（張）】 張孜律です。お話しいただき、ありがとうございました。今回、ブランドフィロソフィーの「The Nature of Time」を中心にブランドを展開されたと思うのですけれども、そのブランドフィロソフィーはどうやって決まったのかというところをお伺いしたいなと思います。

【内藤】 社内で議論し、私どものマーケティングコミュニケーションをサポートいただいている広告代理店のラグジュアリービジネスに精通しているチームとも議論を重ね、最終的に社外に表明する内容を定めました。

【質問者5（張）】　ありがとうございます。

【質問者6（劉）】　劉徳嘯と申します。さっきのスライドの中に「24節気モデル」というのがあったと思うのですけれども、モデルをいっぱい持つとバリエーションが増えるので、お客さんがどれを買うかわからないじゃないですか。そうすると在庫をいっぱい抱えることになるかと思います。そうなると、在庫はどうコントロールするのでしょうか。たとえば季節に合わせてCMを定期的に出して、「買ってくださいね」みたいな感じで誘導しているのか、それともあまりそういうのは意識しないで、「この季節になりましたね」「この季節に合わせたモデルがありますよ」みたいな感じで、どういうふうにコントロールしているのでしょうか。

【内藤】　実際には24種類のモデルを揃えたわけではなく、提案したモデルは4本でした。ご指摘のとおり、販売機会を考えると商品レンジが広がり、在庫リスクの問題が生じ、事業効率が下がります。グランドセイコーもここ数年、売上拡大とともに商品レンジが広くなってきており、現在社内で議論しているのは、モデル数を絞り、サプライチェーンや在庫のコントロールを含めて効率性を高めることです。今後は、モデル数を削減し、売れ筋商品に集約する作業が必要だと考えています。

【質問者6（劉）】　ありがとうございます。

【長沢】　モデルの話が出たので、一言お聞きしたいのですが、花筏が外国人に受けるというのですが、実は私、「感性マーケティング論」という授業で花筏とか龍田川を講義すると、日本人学生は龍田川は百人一首にあるからまだわかる人がいるが、花筏になるとほとんどわかる日本人がいないのです（笑）。そういう状況で花筏が外国の方に受けるとは驚きです。日本の方にはどうなのでしょうか。

【内藤】　グランドセイコーの国別ベストセラーモデルのランキングを作成し、分析していますが、花筏以外の上位モデルはヨーロッパ、アジア、日本で大きく変わりません。しかし花筏だけは、日本とそれ以外エリアで人気が異なります。日本でも全く売れないわけではありませんが、ベスト10ランキングには入りません。一方、海外では、たとえばアメリカでは断トツで花筏がナンバーワンです。

先ほども申し上げたように、日本のイメージがグローバルに高まり、日本をよく理解している方が増えていると思われます。桜は日本を代表するシンボルであり、その意味で海外の方には花筏が日本のブランドらしさを感じさせるのではないかと思います。

加えて、ピンクの色合いや特徴的なダイヤルのテクスチャーも、スイスブランドには見られないユニークさがあり、海外のお客様の目を惹く要因となっていると思います。
日本の場合、グランドセイコーのお客様は海外に比べて年齢層が比較的高く、40代、50代、60代が中心で、圧倒的に男性が多いです。一方、海外では30代、さらには20代の若い世代でグランドセイコーを好む方が増えています。このような国内外での需要層の違いも影響していると考えられます。日本の中高年層の男性にとっては、ピンク色のダイヤルを着けるのは勇気がいると感じる方もいるのではないかと思います。

【長沢】 逆に、日本人が御社のモデルを通して、日本の良さを再発見するとか、あるいは勉強になるとか、そういった声はあるのでしょうか。

【内藤】 日本のお客様にも同様に感じていただけるよう、さまざまな取組みを行っています。たとえば、「海外ではこれが非常に好評です」といった情報を紹介しています。しかし、私の個人的な感想として、日本のマーケットは海外とは異なり、ある種ガラパゴス的な特徴があると感じています。消費者の好みが比較的保守的で、特に若い世代を除いて、世界のトレンドに共感しにくい傾向があります。たとえば、スイスブランドの時計が優れているという固定観念が根強くあります。海外ではその見方が徐々に変化していますが、日本では一旦定着した固定観念を覆すのが難しいと感じています。

【長沢】 それはどんなところでお感じになられるのでしょうか。

【内藤】 日本の高級時計店の方々とお話しすると、グランドセイコーについて「モノは素晴らしい、海外で売れている理由もよくわかる」と評価していただけます。しかし、「同じ価格帯であれば、やはりオメガやロレックスといったスイスブランドのブランド力で優位に立ち、そちらに流れてしまう」との意見もあります。

海外のグランドセイコーファンは、日本よりも年齢層が若いことを申し上げました。たとえば、広告宣伝よりもSNSや口コミを重視する海外の若いユーザーは、YouTubeで「オメガとロレックスとグランドセイコーを比較してみた」といった動画を熱心に視聴しています。また、時計好きな人が詳細に解説している動画を見て、自分自身の判断で優れたブランドを発見することがあります。このように、「自分で調べて納得した価値に基づき、自分で判断したブランドを購入する」という傾向が、海外には多く見られます。一方、日本の場合は、たとえば新聞の全面広告でグランドセイコーを掲載すると急にお問い合わせが増えるなど、従来型の宣伝がまだ効果的であると感じています

【長沢】 そうですか。それは意外でとても勉強になりました。ありがとうございます。

【質問者7（江藤）】 本日はありがとうございました。江藤香織と申します。コミュニケー

ションに関してなのですけれども、つい先日、私、インスタグラムかフェイスブックでグランドセイコーの広告が当たって、それ以降、リターゲティングで当たるようになって、私もターゲットの一人になっているのかなと思って、ちょっと嬉しい気持ちになりました。けれども、とはいえ日本の若い世代、私は30代なのですけれども、30代、40代でどういった方をターゲットにしているのかというところを、私も日本の化粧品業界で高価格帯を扱っている者として、参考にお伺いしたいなと思って、ご質問させていただきます。

【内藤】 日本の若い消費者にもっとグランドセイコーのファンになっていただくことは、私たちの重要な戦略の一つです。ただし、価格の高い商品であるため、富裕層や一定以上の収入のある方が対象となります。もともとグランドセイコーは時計マニアやコレクター、時計好きの方々の間で知られていましたが、現在のターゲットは異なる層です。良い時計が欲しいと考えると、まずロレックスやオメガ、ＩＷＣ、パネライなどのスイスブランドを思い浮かべる方々に対して、「実は日本のグランドセイコーも良いですよ」とお伝えし、興味を持っていただきたいと考えています。

【質問者7（江藤）】 そういうちょっとリッチなものに興味があるような人が読む媒体を中心として考えられていたりというのと、あとペルソナみたいなものがあるかなと思うのですけれども、男性、女性、もしくは具体的に何かありましたら、それもお聞きしたいです。

【内藤】 グランドセイコーの国内売上の男女比は、女性が約15％、男性が85％、これが現状です。私どもは女性のファンを増やすためにさまざまな活動を行っています。社内にはデザイン部があり、美術大学を卒業した社員がデザイン業務を担当しています。デザイン部長は執行役員であり、女性です。社内には女性のデザイナーや商品企画部門にも女性スタッフがいます。

ですが、女性に評価されるヒット商品をつくるのは本当に難しいです。カルティエなどジュエリーと親和性のあるブランドが女性に評価される一方、ロレックスやオメガなどの時計ブランドでは女性用腕時計も売れているという現実があります。女性市場を捉えるためにはどこにその解があるのか？　私どもはずっと追い掛けていますが、なかなか難しいです。広告宣伝費の対売上比率でいうと、グランドセイコーでは男性向けよりも女性向けのほうがはるかに投資をしています。ですから投資の優先順位という意味では、女性向けに力をいれていますが、まだまだもうひと工夫、ふた工夫が必要かと思っています。

２０２２年、30代の女性顧客を獲得するために、グランドセイコーがイベント「和菓子屋とき」を開催しました。表参道の古民家風の会場に、全国の和菓子職人による「時」をテーマとした創作和菓子を並べ、来場者に販売するイベントでした。和菓子は一つ2000円程度と高価でしたが、それぞれにストーリーがあり、女性誌とタイアップした発信も行い、入場制限が必要になるほど多くの女性にご来場いただきました。来場者にはLINE登録を促し、イベントを通じてLINE登録者数が大幅に増加しました。ブランド認知度を上げるPRとしては成功しましたが、実際にグランドセイコーを購入していただいた方はまだ少なく、ROIの観点では売上に十分つながっていない状況です。ただし、時計の宣伝だけでなく、さまざまな切り口からブランドを知ってもらうことが、特に女性顧客の開拓には必要だと考えています。

【質問者7（江藤）】 ありがとうございます。

【質問者8（高野）】 ありがとうございました。高野星来と申します。ものづくり計画というのをお聞きしたいなと思います。さっき白樺のお話があったと思うのですけれども、もともと若者に受けるから白樺をやろうみたいなことまで含めて商品開発をしたのか、それとも言葉は支障がありますが「後付け」でこれもやろう、あれもやろうみたいな感じになっていくのか。そんなに本数をつくり出せないと思っていて、年単位だと思うのですけれども、その辺、どういうふうにブランディングをされているのでしょうか。

【内藤】 私たちの新製品開発プロセスは一つではなく、ケース・バイ・ケースです。たとえば、担当デザイナーがあるコンセプトを温めて、「こういうものを作りたい」と商品企画担当に提案し、造形的な部分からスタートする場合があります。もう一つのプロセスとしては、商品企画担当（プランナー）が商品体系やマーケットのトレンドをもとに企画を構想し、デザイナーと協力して具体的な商品に落とし込む方法があります。社内のデザイン部門と商品企画部門は別組織ですが、商品企画の作業においては、両部門が一緒になってチームとして進めることが一般的です。

【質問者8（高野）】 その流れでさらにお訊きします。先ほど、デザインチームにグローバルチームをつくりたいって言われたと思うのですけれども、私は映像をつくる仕事していて、海外の人に日本っぽいボードを発注すると、大抵ネオンとか、それこそさっきおっしゃっていた、日本人だとちょっと「うん？」というのが来るのです。そういうのを日本ナイズしていくのは結構大変だなと思うので、その中であえてグローバルチームに行くというところの考え方とか、その辺って……。

【内藤】 私どもセイコーは１００年以上にわたり時計ビジネスを展開してきましたが、

長らく販売の中心は卸売ビジネス、すなわち時計店への商品供給でした。もちろんグループには小売の専門会社　和光もありますが、セイコーウオッチは製造と卸売が中心で、直接最終消費者に時計を販売する小売業はあまり行ってきませんでした。海外市場ではその傾向がより強く、さらに言えば、中価格帯ではそもそも大量生産・大量販売型のビジネスモデルで、多くの小売店を通じて多数のお客様に商品を販売することが中心でした。このような「中価格帯・卸売」中心のビジネスと、「高価格・少量の商品で一人ひとりのお客様と向き合う」ラグジュアリービジネスは全く性格が異なります。

先ほど申し上げたグランドセイコーアメリカの社長は、若い頃、スイスの高級ブランドブティックの店員からキャリアをスタートし、店長になり、さらにそのブランドの全世界の小売部門の統括責任者を経て、アメリカの社長を務めていました。その経験を通じて、彼は富裕層のお客様と個人的なつながりを持っています。「そのブランドは知らないけれど、あなたが勧めるなら買うよ」と言ってもらえるようなお客様です。最終消費者の顔が見えない卸売ではなく、顔の見える小売を強化したいと考えています。小売、ラグジュアリー、グローバルを理解している人材が必要であり、海外のスタッフに補ってもらっています。彼らの意見を本社に反映させるために、海外の人材にもっと情報を提供し、意見を求めています。通常、海外現地法人のローカル社員に5年後の商品計画案を見せることはありませんが、すべてのデータやアイデアを共有し、意見を求めています。そこまでしないと、小売の経験が少ない私とものだけでは、限界があると感じています。本気でグローバルなチームを作らないと、グローバルラグジュアリーブランドにはなれないと考えています。

【質問者8（高野）】 ありがとうございました。

【質問者9（渡邉）】 渡邉芳子と申します。私は仕事でM&A業務を担当しています。今日は貴重なお話をありがとうございました。

一つ前の質問と関連するかもしれないのですけれども、女性のお客が少ない、15％とおっしゃっていましたけれども、そのセグメントを戦略的に取り込むためにM&Aを活用するとか、海外の女性向けの時計をつくっている会社そのものをM&Aするとかとの戦略があるとしたらお伺いしたいと思います。カルティエの広告がすごく多くて、カルティエを買うときって、自分の仕事でボンと入ったタイミングだとか、時計を自分で買うタイミング、もしくは時計を着けている女性が何でその時計を使っているのか、もらうとかが多いのかなと思って……。

【内藤】　会社によって戦略はさまざまです。たとえば、他の日本ブランドには積極的に海外ブランドを買収し自社の事業ポートフォリオに組み入れているところがあります。私たちも1980年代前半には同様のことを行っていましたが、現在は自社ブランドの進化に力を入れています。歴史があり、自分たちが築いてきたブランドをさらに発展させることに注力しています。

確立されたブランドを買収しようとすると、買収価格が以前に比べて格段に高くなっています。現在の売上規模に対する買収価格の倍率が非常に高いため、買収という戦略にはあまり価値がないと考えています。

カルティエは確かに女性に人気がありますが、カルティエの持つ華やかなイメージと、グランドセイコーのブランドイメージは異なります。グランドセイコーをご愛用する女性のお客様にはお医者さんや教師の方が多く、堅実で誠実、真面目な印象があります。若い方が身に着けても分不相応な華やかさを感じさせることもありません。このようにブランドイメージを適切に伝えることで、カルティエを求めるユーザーとは異なるニーズを捉えることができると考えています。

【質問者9（渡邉）】　そうすると日本の中でも働く女性が増えているので、年収も自然に上がっているのは間違いないとは思います。けれどもそれを待っているとブランドとしての成長速度が遅いのかなということも気になるので……。

【内藤】 そうですね。日本は、若い世代に富をきちんと分配することや、特に女性の活躍促進を加速することが社会課題として挙げられます。これらの課題に対して、会社という組織の中での実現に向けて、私も努力していきたいと考えています。

【質問者9（渡邉）】 わかりました。ありがとうございます。

【長沢】 まだあるかもしれませんが、もう時間になっているので、最後に一つだけご質問。内藤社長がお考えになるグランドセイコーらしさを一言でいうと何でしょうか。

【内藤】 グランドセイコーの歴史は、「まじめにいい時計をつくろう」という理念に基づいています。雫石の工房で働く社員の多くは地元の高校を卒業し、手先の器用さなどで選ばれて組立ての職場に配属されます。彼らは先輩から技術を学びながら、ひたすら努力して時計を作り続けています。これこそが、私たちのブランドの本質です。

今後も、私企業として利潤を追求することは必要ですが、最優先すべきは「いいものを一生懸命つくる」というモノづくりの「道」を追求することだと考えています。

【長沢】 ありがとうございました。では今日はお忙しいなか、内藤社長に昨年に続いて今年もお願いするという厚かましいお願いをしてしまいましたが、快くお越しいただきました。

最後に感謝を込めて、皆さん拍手を。どうもありがとうございました。（拍手）

2

A・ランゲ&ゾーネ日本におけるブランドマネジメント
――世界最高水準の時計をお客様に届け続けるために

講　師：リシュモン ジャパン株式会社
A・ランゲ&ゾーネ リージョナルブランドCEO　山崎香織
科目名：ラグジュアリーブランディング論（第12回）
日　時：2023年5月27日（土）15時05分～16時45分
会　場：早稲田大学11号館9階913教室
司　会：WBS教授　長沢伸也

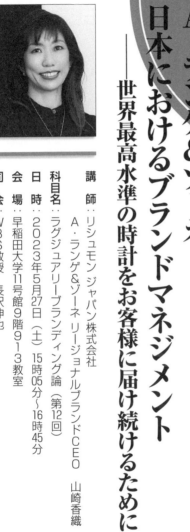

●会社概要●

Lange Uhren GMBH,
Branch of Richemont International SA

代 表 者：Wilhelm Schmid

創　　業：1990年12月

事業内容：機械式腕時計などの企画・開発・製造および国内外への販売

本社所在地：

Ferdinand-A-Lange-Platz 1, Glashűtte, Germany

〔講演者略歴〕

山崎 香織（やまざき かおり）

リシュモンジャパン株式会社 A.ランゲ＆ゾーネ リージョナルブランドCEO

大学卒業後、トヨタ自動車、日産自動車にて欧米営業、戦略企画、マーケティングに従事。

在フランス日産欧州本社、経済産業省への出向を経て、HEC Parisにて Executive MBA 取得。Luxury を専攻し、ジャン＝ノエル・カプフェレ教授に師事。

帰国後は QVC ジャパン マーケティングディレクター、ポルシェジャパン 執行役員マーケティング部長を務めたのち、2019年9月より現職。

【司会（長沢）】　今日はリシュモン ジャパン株式会社 A・ランゲ&ゾーネ リージョナルブランドCEO 山崎香織様をお迎えしております。

私は高級時計ブランドのA・ランゲ&ゾーネを筆頭に、ジャガー・ルクルト、IWCシャフハウゼンなどを傘下に持つ、ラグジュアリー複合企業リシュモングループを取り上げた『カルティエ 最強のブランド創造経営―巨大ラグジュアリー複合企業「リシュモン」に学ぶ感性価値の高め方―』を出版して、A・ランゲ&ゾーネのブランドマネジメントを論じております。また、同じくリシュモングループ傘下のパネライやピアジェを取り上げた『ラグジュアリーブランディングの実際』や翻訳書『ラグジュアリー時計ブランドのマネジメント』なども出版しております。また、フランス随一のビジネススクールかつグランゼコールであるHEC（アッシュ・ウー・セー）の看板教授であるジャン＝ノエル・カプフェレの『ラグジュアリー戦略』や『カプフェレ教授のラグジュアリー論』の翻訳書も出版しております〔注〕。

これらの著作物で取材や写真の提供に便宜を図っていただきましたので、その都度、半蔵門のリシュモンジャパンに出向いて各ブランドに御礼とともに謹呈いたしました。すると、A・ランゲ&ゾーネ 山崎リージョナルブランドCEOより同ブランド幹部と懇談・

会食する機会を頂戴しました。そこで、山崎CEOはHECでEMBA（エグゼクティブ経営管理研究修士）を取得し、なんとカプフェレ教授のゼミだったとわかり、カプフェレ教授のカリスマ性だけでなく難儀さでも大いに盛り上がりました（笑）。

そこで、早稲田大学ビジネススクールでのゲスト講義をお願いし、ご快諾いただいた次第です。それでは山崎CEO、よろしくお願いいたします。（拍手）

〔注〕

●長沢伸也編著、杉本香七共著『カルティエ　最強のブランド創造経営―巨大ラグジュアリー複合企業「リシュモン」に学ぶ感性価値の高め方―』東洋経済新報社、2021年

●長沢伸也編著『ラグジュアリーブランディングの実際―3・1フィリップリム、パネライ、オメガ、リシャール・ミルの戦略―』海文堂出版、2018年

●ルアナ・カルカノ、カルロ・チェッピィ共著、長沢伸也・小山太郎共監訳・訳『ラグジュアリー時計ブランドのマネジメント―変革の時―』角川学芸出版、2015年

●ジャン＝ノエル・カプフェレ著、長沢伸也監訳『カプフェレ教授のラグジュアリー論―いかにラグジュアリーブランドが成長しながら稀少であり続けるか―』同友館、2017年

●ピエール＝イヴ・ドンゼ著、長沢伸也監修・訳、早稲田大学ビジネススクール長沢研究室共訳『「機械式時計」という名のラグジュアリー戦略』世界文化社、2014年

●ジャン＝ノエル・カプフェレ、ヴァンサン・バスティアン共著、長沢伸也訳『ラグジュアリー戦略―真のラグジュアリーブランドをいかに構築しマネジメントするか―』東洋経済新報社、2011年

はじめに

【山崎】　A・ランゲ＆ゾーネの山崎です。長沢先生、今日はこうした貴重な機会を頂戴しまして、あらためてお礼申し上げます。ありがとうございます。また、受講生の皆さんももう4限目ということで、お疲れかもしれませんが、今日は私たちのA・ランゲ＆ゾーネの事例をもとに、ラグジュアリービジネスについて少しでもご興味を持っていただき、ご知見を深めていただければと思っています。午後4時45分までの授業、お付き合いください。よろしくお願いいたします。

それでは、早速始めてまいります。本日は「A・ランゲ＆ゾーネ日本におけるブランドマネジメント」というテーマでプレゼンテーションをいたします。

まず、今日のアジェンダになります（本書の目次、x～xi頁参照）。

自己紹介の後、簡単なアイスブレイクのクイズを用意していますので、皆さん、携帯のほうをお手元にご用意ください。まずは、私どもA・ランゲ＆ゾーネが属しているリシュモングループのご紹介、その後A・ランゲ＆ゾーネの特徴等、私たちのブランドのご紹介をいたします。

続きまして、日本におけるA・ランゲ&ゾーネ、私たちの扱っている商材は時計でございますので、時計市場の動向について。そして、持続的にブランドを成長させていくための戦略、チャレンジというような内容をご用意しています。

また、講義の最後はラグジュアリーブランディング理論との対比というテーマで、私なりに長沢先生のブランディングのご見解に対して、A・ランゲ&ゾーネが実際に取り組んでいること、ここが合っているのか合っていないのかというようなところも踏み込んでお話ししたいと思います。また、皆さんの教材にもなっているとお聞きしていますけれども、ラグジュアリー論に精通されている私の恩師、カプフェレ教授の理論についても少し触れたいと思います。

そして、日本のものづくりやブランディングについての考察というところで締め括って、最後、質疑応答となっています。

自己紹介

では、早速自己紹介から始めてまいりましょう。私、山崎香織と申します（資料1）。大学卒業後トヨタ自動車に入社をし、欧州の市場開拓を担当いたしました。なぜトヨタだったかと申し上げると、13歳のときに初めて海外に行ったときの経験がもとになっています。本当に大昔の話で恥ずかしいのですが、アメリカにホームステイをしたのですけれども、日本ってあまり知られていないのだとショックをうけたのです。日本人ってまだ着物を着ているのではないかですとか、日本についての見解というのがあまり正しくないような状況で。その中で、唯一、アメリカ人のホストファミリーと話が盛り上がったのが「日本のブランド」についてだったのです。ソニーとかトヨタとか日産とか、そういうブランドはすごく称賛されていて、日本もこういった強いブランドであれば世界で評価をされるというところを10代のころに思い知りまして、日本で、日本発のブランドで世界トップに立てるブランドに入りたいと思って、ご縁があって、大学を卒業してトヨタに入りました。

そこから日産自動車に移ります。日産時代にフランスのほうに出向いたしまして、営業、

資料１　自己紹介：山崎香織 A. ランゲ＆ゾーネ リージョナルブランド CEO

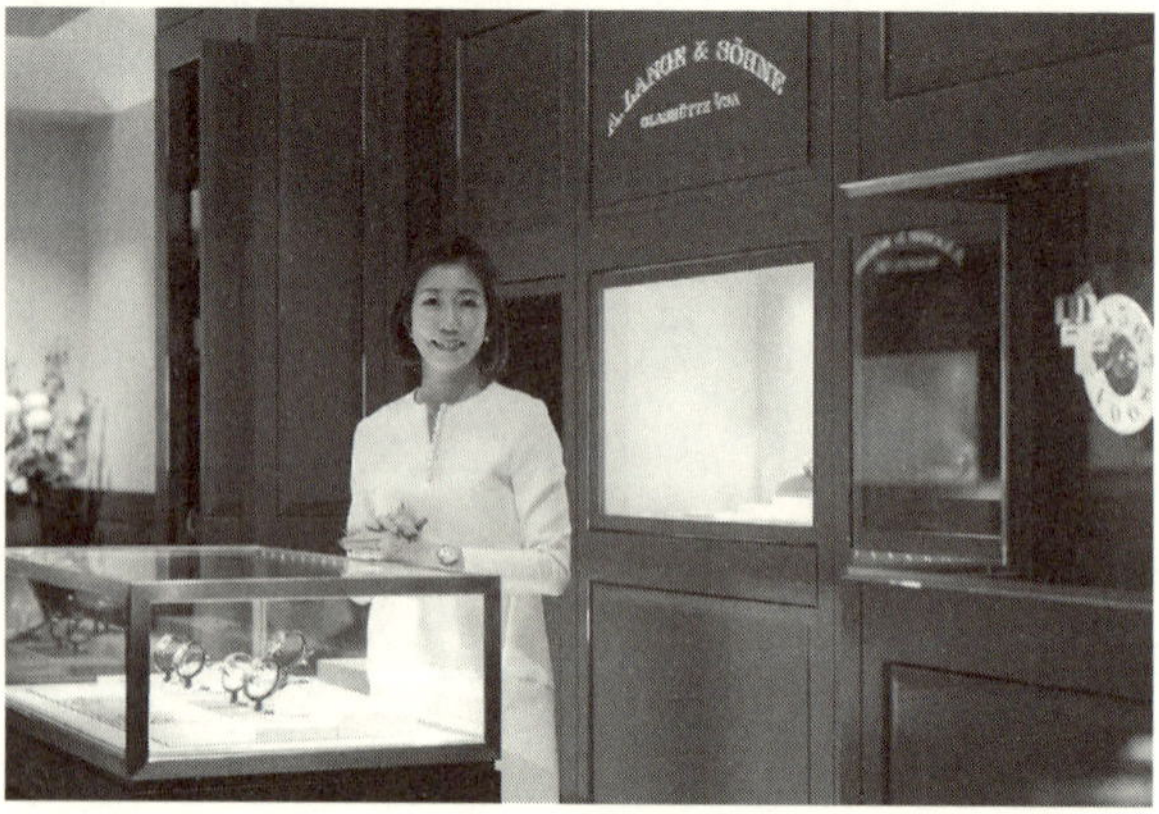

出所：リシュモンジャパン A. ランゲ＆ゾーネ提供

マーケティング畑で仕事をするのですけれども、その後、帰国し、実は経済産業省に出向しています。このときに、日本のブランドが世界で戦えるようになることを目的とした「クールジャパン戦略」という政策の立ち上げのお手伝い等々をやっていました。

その後経済産業省への出向を終えてどうしようかなと思って、日産に帰らずに留学をするのですね。当時、ＥｘｅｃｕｔｉｖｅＭＢＡという、年齢層が若干上のＭＢＡをフランスにあるＨＥＣという学校で取りました。そのときにカプフェレ教授がちょうどラグジュアリー専攻の講座を立ち上げて、第一期生として私はそこで勉強をすることができました。

ＥＭＢＡを取って帰国後、今度はテレビ通販に行きまして、ちょっと変わった経歴ですが、ダイレクトマーケティング、ネットマーケティングという世界でマーケティングのヘッドとして2年ほど仕事をしました。その後、また自動車業界に戻って、ポルシェジャパンでマーケティング担当役員を務めました。その後２０１９年に、ドイツブランド、そしてラグジュアリーというつながりから、今度は全く畑の違う時計業界、今の会社に移って本日に至ります。こんな経歴をもとにした私なりの見解を今日はご説明できればと思っています。

アイスブレイク

お待たせいたしました。では、最初の質問です。

（ＱＲコードによるアンケート実施）

皆さんはリシュモングループをご存じですか。知っている方は23名中14名ですね。意外に実はリシュモンって知られていない。先生のご本にもリシュモンのことを結構書いていただいているのですけれども、それでもご存じない方もいらっしゃるというところで、後ほどリシュモンとはというお話をさせてもらいたいと思います。チャットGPTに聞いてみるという方も2名いらっしゃいますね。ありがとうございます。

続きまして、皆さんはA・ランゲ&ゾーネというブランドをご存じですかという質問に関しても、知っているとお答えいただいた方が10名、知らないとお答えいただいた方が13名というところで、まだまだ私どものブランドの認知度が高くないというところがわかります。これも先生のご著書にも出てきますので、また読んでいただければと思います。

また、3番目の質問ですね。MBAがラグジュアリービジネスに役立つと思いますか。思う。これはのちほど皆さまに「なぜ?」とお聞きしてみたいと思いますね。皆さん、役立つと思って受講されているということですね、よかったです(笑)。

会社概要――リシュモングループ

では、早速プレゼンテーションに戻りたいと思います。まずリシュモンというのは、スイスはジュネーブに本拠地を置く、主にジュエリー・時計・ファッションブランドを保有する企業グループです。おそらく一番有名で大きなブランドがカルティエです。ほかに、ジュエリーですとヴァン クリーフ＆アーペル。そしてA・ランゲ＆ゾーネを含むウォッチブランドですね。ヴァシュロン・コンスタンタン、IWC、パネライ、ピアジェ、ジャガー・ルクルトなど。それから、ファッション＆アクセサリーというカテゴリーがあって、紳士服のダンヒルとか、万年筆で有名なモンブランなどがグループに属しています（資料2）。

こちらは2023年5月12日にちょうど発表になったばかりの2022年度決算発表ですが、一言で申し上げると、今ラグジュアリービジネスは堅調に売上を伸ばしています。グループ全体の売上が約200億ユーロ、日本円にすると約3兆円ぐらいですかね。前年比のプラス19％という伸び率です。営業利益率も今25％ぐらいで、非常に高い利益率を

資料2　会社概要：リシュモン グループ傘下のブランド

BUCCELLATI　Cartier　Van Cleef & Arpels　VHERNIER　A. LANGE & SÖHNE　BAUME & MERCIER

IWC SCHAFFHAUSEN　JAEGER-LECOULTRE　PANERAI　PIAGET　ROGER DUBUIS　VACHERON CONSTANTIN

ALAÏA　Chloé　DELVAUX　dunhill　Gianvito Rossi　MONTBLANC

PETER MILLAR　PURDEY　SERAPIAN MILANO　TIMEVALLÉE　WATCHFINDER&Co.　NET-A-PORTER

MR PORTER　THE OUTNET　YOOX　ONLINE FLAGSHIP STORES

出所：Compagnie Financière Richemont SA 提供

誇っています（資料3(a)）、なお、2023年度決算では、グループ全体の売上が約206億ユーロ、日本円にすると約3・3兆円）。

また、こちらの図（資料3(b)上）はリージョン別の売上を示していますが、一番大きなのがA－PAC（アジア・太平洋）です。続いてアメリカ、ヨーロッパ、ジャパン、ミドルイーストと続きます。

こちらで特筆すべきは、今、日本における売上の対前年比がプラス45%ということで、世界でトップの伸び率になっています。日本のラグジュアリービジネスはすでに新型コロナウイルス感染拡大前の売上に戻ってきて、一部のブランドではコロナ前

資料3　会社概要：リシュモン グループの決算および売上（2022年度）

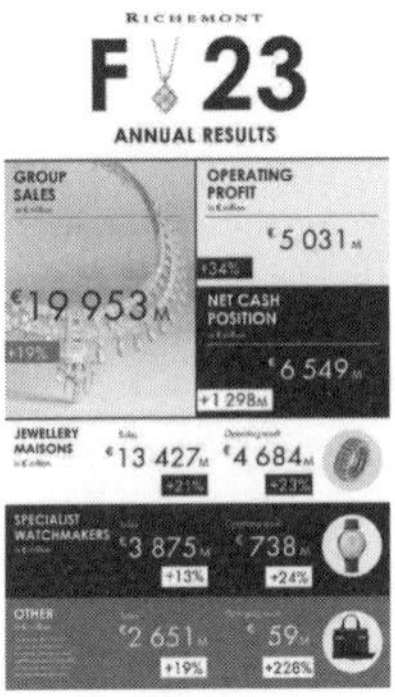

(a) 2022年度決算

(b) リージョン別および販売チャネル別の売上

出所：Compagnie Financière Richemont SA 提供

以上の販売を達成することができて、本当に今ラグジュアリービジネスが元気がいいというところが見て取れます。

また、下の右側（資料3(b)下）は販売チャネルです。3つに分けていますけれども、リテールというのは直営店を主にしたビジネス、それからｅコマース、そしてホールセールになります。

会社概要―A・ランゲ&ゾーネとは

では、ここから私どもA・ランゲ&ゾーネについてご説明いたします（資料4）。

私たちは世界最高水準の時計をお客様に届ける使命のもと日々活動をしています。A・ランゲ&ゾーネは、旧東ドイツ側にあるグラスヒュッテという山間の中の村に本社を構えています。創始者はザクセン時計産業の礎を築いたフェルディナント・アドルフ・ランゲ（資料4(a)）。ザクセン王国の高名な時計師に弟子入りしたランゲは、その類まれなる才能を開花させ、フランス、イギリス、スイスで修業を重ねたのち、祖国に戻り、貧しいエルツ山脈産地に産業を確立するため、1845年に時計工房を開きました（資料4(b)・(c)）。

当時は時計といっても、懐中時計だったのです。ランゲはこちらのような懐中時計を脈々と作って、ロシアの皇帝に納めたりですとか、その当時から世界最高の時計を作るという使命のもと活動をしてまいりました。

また、ランゲ&ゾーネのゾーネはドイツ語で息子たちという意味です。フェルディナンド・アドルフ・ランゲの息子たちがブランドを継いでいましたが、第二次世界大戦終戦前

資料4　会社概要：A.ランゲ＆ゾーネとは—世界最高水準の時計をお客様に届ける使命

(a) 創始者フェルディナント・アドルフ・ランゲ

(b) 創業当時の時計工房

(c) 創業当時のグラスヒュッテの街並み

A.ランゲ＆ゾーネは、創始者のフェルディナント・アドルフ・ランゲの魂と、彼が築いたドイツ・ザクセン地方における時計製造の伝統を受け継ぐ世界最高水準の時計を作り続けるメゾンです。

出所：A. LANGE & SOHNE 提供

夜に工房が焼けてしまうのです、空襲で。そこからA・ランゲ&ゾーネは国有化されブランドは一度消滅します。その後時を経てベルリンの壁が崩壊した後に、西側に亡命していた創業者の曽孫のウォルター・ランゲがザクセン州に戻り、1990年にブランドを再興したという復活劇があります。

こちらの写真は、工房を拡張新築した際の写真です（資料5(a)）。当時のメルケル首相にも来ていただいたり、A・ランゲ&ゾーネというのは国を挙げて非常に大切にしてもらっている一つのブランドであります（資料5(b)）。

A・ランゲ&ゾーネは非常に生産本数が少ないブランドです。一本一本の時計をつくるために、非常に手の込んだ時間のかかる作業と職人の高い技術力を要するからです。全世界で約770名の従業員がいて、時計師の養成学校も先ほどのグラスヒュッテに擁しています。

今、私たちは世界主要各国にブティックという形態で店舗を展開しています。販売地域は約60か国、各国の正規販売代理店に加え、ブティックが今40ちょっとです（2023年5月現在）。ブティックというのはA・ランゲ&ゾーネだけを取り扱っているお店になり、リテールビジネスを世界各国に展開しています。

資料5　会社概要：A. ランゲ＆ゾーネとは―ドイツ・ザクセン州グラスヒュッテに根差す

(a) ドイツ・ザクセン州グラスヒュッテにある本社工房

(b) 2015年に工房を拡張新築

ドイツ・ザクセン州グラスヒュッテ
A. ランゲ&ゾーネ創業の地であり、現在も唯一の製造拠点として伝統を守り続けています。

出所：A. LANGE & SOHNE 提供

私たちA・ランゲ&ゾーネも他のラグジュアリーブランド同様、ESG、持続可能性の観点から環境に配慮した取組みというのをもちろんしています。たとえばですけれども、2015年に竣工した、A・ランゲ&ゾーネの新工房。できるだけ環境に優しい生産活動を実現するため、冷暖房および給湯に地中熱ヒートポンプを使用しています。この新工房では、地中熱とエコ電力でポンプを駆動させることにより、二酸化炭素を排出しないエネルギー利用を実現。そのために設備された地中熱利用システムは、新工房が竣工した時点では、ザクセン州で最大規模のものです。

また、RESPONSIBLE JEWELLERY COUNCIL（責任ある宝飾のための協議会）に加盟し、私どもの時計に使われるゴールドやプラチナの原材料がすべてトレーサブル、追跡可能なものであるということを示す協会にきちんと属しています。

非営利国際組織である「責任ある宝飾のための協議会」（RJC）には、世界中の時計宝飾産業を代表する企業が加盟。加盟企業は、サプライチェーン全体で、社会的公正、倫理性および環境に配慮した製造、人権の保障について遵守することが義務づけられています。当社は、RJCの正規会員として、時計に使用する原材料（ダイヤモンド、ゴールドおよびプラチナ）の調達先が正規業者であることを保証します。ダイヤモンドについては、

資料6　文化・社会貢献―クラシックカーコンテストの協賛

(a) クラシックカーコンテスト「コンコルソ・デレガンツァ・ヴィラ・デステ」を協賛

(b)「1815 クロノグラフ」特別エディション

イタリア、コモ湖で毎年開かれるクラシックカーコンテスト「コンコルソ・デレガンツァ・ヴィラ・デステ」を協賛。
最優秀賞の受賞者に「1815 クロノグラフ」の特別エディションを贈呈している。

出所：A. LANGE & SOHNE 提供

資料7　文化・社会貢献―ドレスデン州立アートコレクションのスポンサー

ザクセンの文化遺産保護、継承にも力を入れている。
2006年以来、ドレスデンの州立アートコレクションの重要スポンサーを務める。

出所：A. LANGE & SOHNE 提供

重大な人権侵害で批判されているミャンマーおよびジンバブエのマランゲで採掘されたものは使用しないことを明言します。

また、文化・社会貢献ということにも少しずつではありますけれども力を入れ始めています。こちらはつい先だって行われた、イタリアのコモ湖にあるヴィラで行われたイベントです（資料6(a)）。古い物を大切にしましょうという観点でクラシックカーをご愛用されている方々がいらっしゃいますが、そちらに協賛をしていますし、最優秀賞の受賞者に「1815 クロノグラフ」の特別エディションを贈呈したりしています（資料6(b)）。

また、われわれランゲがあるドイツ・ザ

クセン州の文化遺産の保護継承ということにも力を入れています。ドレスデンという町の州立アートコレクションのスポンサーなどもして、文化の保存、保護に努めています（資料7）。

コレクションと特徴

さて、ここから少し時計の話をさせてください。これがわれわれA・ランゲ&ゾーネのコレクションです（資料8）。

非常にシンプルに6つのモデルファミリーに分類がされています。左からランゲ1。ランゲ1はブランドが再興して4年後の94年に発表した4本のコレクションのうちの一つで、われわれの代表的なモデルファミリーの一つです。それからサクソニアという、ドイツ・サクソニア州の名前を冠としたコレクション。また右側は、ツァイトヴェルク（ドイツ語で時の仕事）という瞬転式デジタル表示を持った非常に特殊な技術がある超複雑機械式時計になっています。

資料8　A. ランゲ＆ゾーネのコレクション（ファミリー）と特徴

(a) ランゲ1

(b) サクソニア

(c) ツァイトヴェルク

(d) 1815

(e) リヒャルトランゲ

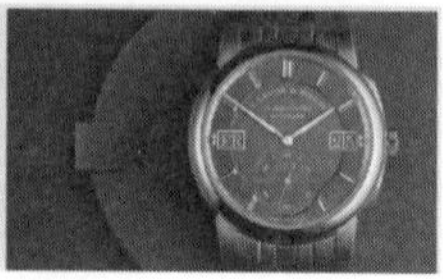

(f) オデュッセウス

出所：A. LANGE & SOHNE 提供

　続いて左下が、創業者フェルディナント・アドルフ・ランゲの生誕年にちなんで作られた１８１５。当時の懐中時計をオマージュとした、こういったシンプルな時計というのもあります。

　また、リヒャルトランゲというのは創業者の息子ですね。彼はたくさんの特許を取得していますが、その名前を取ったリヒャルトランゲシリーズ。そしてオデュッセウス、これが一番最近出たモデルファミリーですが、Ａ・ランゲ＆ゾーネにとって初めてのラグジュアリースポーティウォッチとして、２０１９年の発売以来、大変ご好評をいただいています。

　これだけ見てもピンとこないかもしれま

せんが、たとえばこのランゲ1というのは、ベーシックな一番アイコニックなランゲ1です。こちらはタイムゾーンといって、複雑な機構を持っていますけれども、ベーシックなランゲ1が約610万円で販売されています。A・ランゲ＆ゾーネの時計のスターティングプライスが約330万円です。

一番高額な時計の一つとして、音で時間を知らせる、ミニッツリピーターという機構をそなえた時計があります。

またちょっと面白いのは、こちらのオデュッセウス。A・ランゲ＆ゾーネは、ケース素材にプレシャスメタル、つまりピンクゴールドですとかホワイトゴールド、イエローゴールド、もしくはプラチナしか使っていませんでしたが、初めてステンレススチールのモデルを作りました。

先ほどお伝えしたランゲ1というA・ランゲ＆ゾーネのアイコンモデルですが、ドイツのブランドの特徴でもあるといえますが、非常に機能性を大事にしています。たとえば、ダイヤルですね。小さな円が秒表示なのですけれども、時分表示と分かれていることですごく視認性があるといわれています。また、デザインにもすごくこだわりがあり、アシンメトリーなデザインというのがA・ランゲ＆ゾーネとしては非常に美しいデザインだと考えて、このモデルが今も、１９９４年の発表以来ずっとトップセリングモデルとして人気を博しています（資料９(a)）。

また、Ａ・ランゲ&ゾーネの特徴として、一目見てこれはランゲの時計だねとわからなくてはいけないのですが、日付の表示をアウトサイズデイトと呼んでいまして（資料９(b)）、これは実はドレスデンにあるゼンパー歌劇場の舞台上にある五分時計の視認性の良さに着想を得て開発されました（資料９(c)・(d)）。

続いて、これがツァイトヴェルクというモデルです（資料10(a)・(b)）。こちらは、時と分を瞬時に切り替わる数字によって表示する初の機械式デジタル時計です。この大きな日付ディスクを60秒ごとに動かすとためにはかなりのトルク（動力）が必要になりますが、それにもかかわらずツァイトヴェルクのパワーリザーブは72時間、非常に革新的な技術が搭載されています。

続きまして、こちらも非常に人気の高いモデルですが、ダトグラフです（資料11(a)・(b)）。ダトってデイトですね。あと、クロノグラフのグラフを掛け合わせた造語です。Ａ・ランゲ&ゾーネのダトグラフというのは、クロノグラフの中でも非常に人気のある時計としてご好評いただいております。こちらにも先ほど申し上げたアウトサイズデイトですね。こ

資料9　アイコニックなデザイン―ランゲ1

(a) ランゲ1

(b) ランゲ1のアウトサイズデイト

(c) ドレスデン・ゼンパー歌劇場

(d) ゼンパー歌劇場の五分時計

出所：A. LANGE & SOHNE 提供

資料10　アイコニックなデザイン―ツァイトヴェルク

(a) ツァイトヴェルクのムーブメント

(b) ツァイトヴェルク

ランゲの時計師たちは、機械式デジタル時計の設計における課題を克服し、ツァイトヴェルクには、3枚のディスクで構成される瞬転数字メカニズムが搭載されました。
大型の数字ディスクは、コンスタントフォース・エスケープメントによって瞬時に進み、また停止し、ドイツ技術の頂点を表現しています。

出所：A. LANGE & SOHNE 提供

資料11　アイコニックなデザイン—ダトグラフ

(a) ダトグラフのムーブメント

(b) ダトグラフ

ダトグラフには、コラムホイールによる制御、フライバック機能、正確にジャンプするミニッツカウンター針、アウトサイズデイトが搭載されています。A. ランゲ＆ゾーネ初のクロノグラフキャリバーです。
アウトサイズデイトと2つのサブダイヤルが等しい三角形を描くことで、均整のとれた安定感や優れた視認性を発揮します。

出所：A. LANGE & SOHNE 提供

資料12　伝統的要素―洋銀製4分の3プレートとビス留め式ゴールドシャトン

(a) ビス留め式ゴールドシャトン

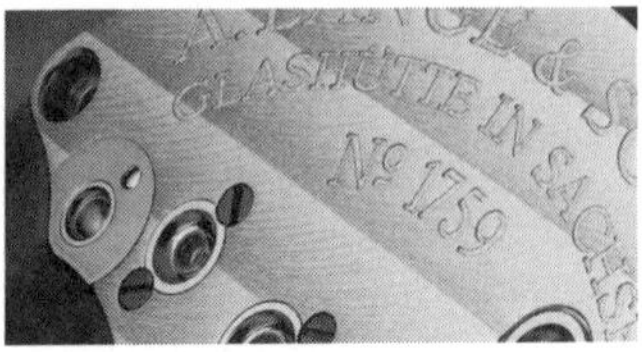

(b) 洋銀製の4分の3プレート

1864年、洋銀製の4分の3プレート（ムーブメント全体の4分の3を覆う大きさの受け板）が導入され、ムーブメントの質が向上しました。これは現在でも、A. ランゲ&ゾーネのタイムピースのシグネチャーです。ビス留め式ゴールドシャトン（シャトンとは、歯車の軸受に使われるルビーやダイヤモンドなどの受け石をなどの受石を固定している金属製のリング）もさらに伝統的な特徴です。

出所：A. LANGE & SOHNE 提供

ういった一目でランゲとわかる意匠を持っていたり、ケースの裏面からはまるで彫刻のように機械が何層にも重なっている様子をみることができます。非常に長い時間をかけて一つ一つの時計をもちろんすべて手作りで制作しています。

　続きまして、私たちの時計の特性、ユニークな点をご説明します。A・ランゲ&ゾーネは伝統的な要素をすごく大事にして今なお継承しています。

　たとえば、こちらのジャーマンシルバーと呼ばれる洋銀製の4分の3プレートは1864年に開発されて以来今もすべてのA・ランゲ&ゾーネの腕時計に使用されています（資料12(a)・(b)）。

資料13　伝統的要素―テンプ受における手彫り装飾とスクリューのコーンフラワーブル

(a) テンプ受に施された手彫り装飾

(b) スクリューのコーンフラワーブルー

すべてのテンプ受には、手彫りの伝統的なフローラルパターン（花の模様）が施されています。これにより、A.ランゲ&ゾーネの各タイムピースは、ユニークで一人ひとりに属するものになっています。スクリュー（ねじ）のコーンフラワーブルー（摂氏300度で焼き入れすることで発色する最も魅力的なブルー）はゆっくりと加熱することで生み出されています。

出所：A. LANGE & SOHNE 提供

これはテンプ受けというのですが、手彫りなのですね。職人がいまだに一本一本手で彫っています。ということは、世界に一本たりとも同じ時計がない、唯一無二の時計ということになりますね（資料13(a)・(b)）。

また、アップダウンというのは、ドイツ語で書いてあるのですけれども、こうしたパワーリザーブ表示なども昔の懐中時計の意匠をそのまま引き継いで、いまだに採用されています（資料14(a)・(b)）。

また、昔は懐中時計を持ち汽車に乗って旅に出るということが一つのステータスで、そのときのオマージュとして鉄道のレールをデザインに取り入れています。こちらの仕上げと装飾の写真をご覧くださ

資料14　伝統的要素―アップ／ダウンパワーリザーブ表示

(a) 1815シリーズ（9時位置）

(b) 1815シリーズ（8時位置）

アップ／ダウンパワーリザーブ表示は、フェルディナント・アドルフ・ランゲの伝説的な懐中時計のデザインを踏襲しています。

出所：A. LANGE & SOHNE 提供

い。面取りといってこういうところも全部削ってあって、磨きがかけてあって、プレートの中の部品一つ一つに至るまでピカピカに磨いてあります（資料15）。

本当に小さい、小さい部品なのですけれども、こういうところも全部こだわって、この面を取っているのですね。これは全く見えなかったりもするのですけれども、見えなくてもいいのだと。すべての時計のパーツが、数百に至るのですけれども、こだわり抜いて装飾が施されていて芸術品といっても過言ではないと思います。このような形で伝統的な要素がたくさん盛り込まれているのが私たちの時計です。先ほどもお話ししたこのハンドグレービング（手彫

資料15　比類なきクラフツマンシップ―面取りと磨き

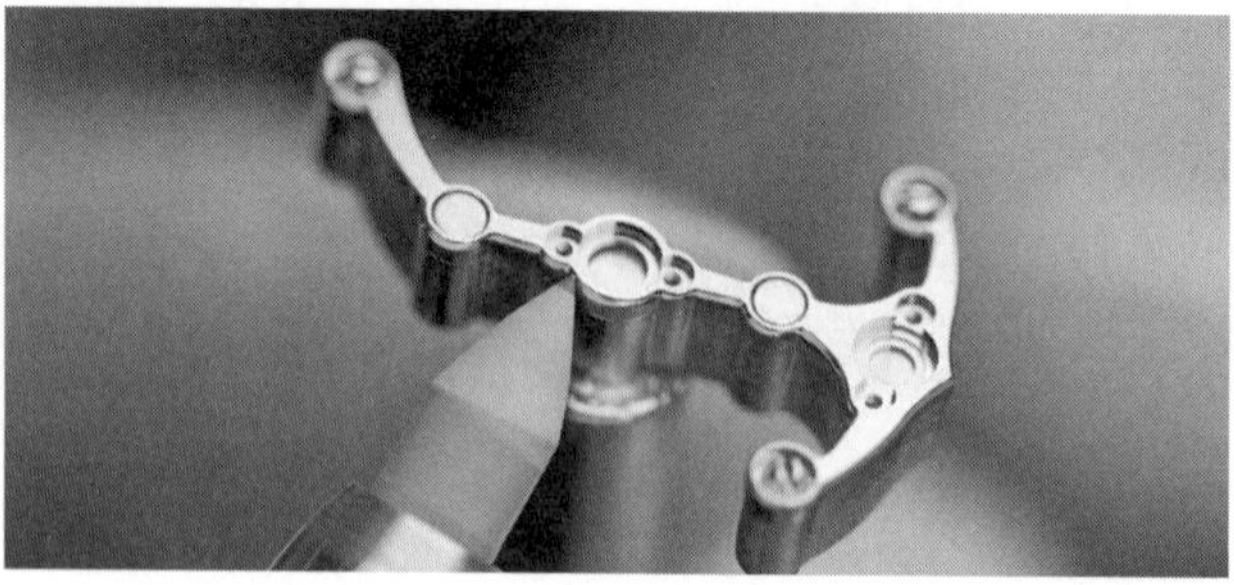

あらゆるパーツの表面や細部に骨の折れる手仕事で仕上げ、装飾が施されます。

出所：A. LANGE & SOHNE 提供

り）によるテンプ受けはまさに人間の指紋と同じように、唯一無二というところで芸術的な価値をもたらしていると考えています（資料16(a)・(b)）。

　また、私たちの時計の特徴的なところとして、数百にわたる部品を一度組み立てて、きちんと動作するかどうかを確認し、これでよしという最終調整ができたらその部品をばらします。せっかく組み立てるのですけれども、またばらして、もう一度その部品を磨いて、さらに組み立て直す、この工程を「二度組み」といいます（資料17）。

　この二度組みは高級機械式時計のブランドは実施していることが多いと思いますが、A・ランゲ&ゾーネではすべてのモデ

資料16　伝統的要素―ハンドエングレービング

(a) 手彫りが施されたテンプ受

テンプ受の中央のスクリューを囲む花びらと、部品の輪郭にさりげなく沿うフローラルパターンで構成されています。

(b) エングレービング

すべてのエングレービングは2つとして同じものはありません。カットの深みとラインの丸みは、唯一無二の指紋のようなもので、A. ランゲ&ゾーネの時計に「一点もの」の芸術的価値をもたらします。

出所：A. LANGE & SOHNE 提供

資料17　二度組み

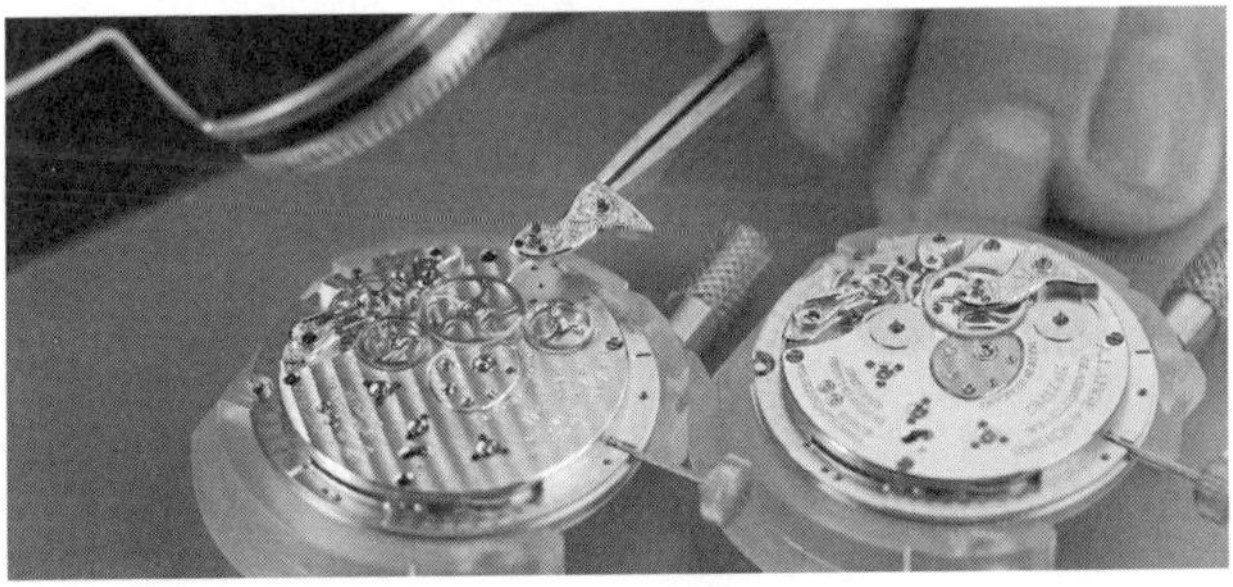

A. ランゲ&ゾーネでは、どんなにシンプルなムーブメントでも、究極の完成度と精度を担保するために、二度組みを行います。

出所：A. LANGE & SOHNE 提供

資料18　自社開発・制作した71のムーブメント

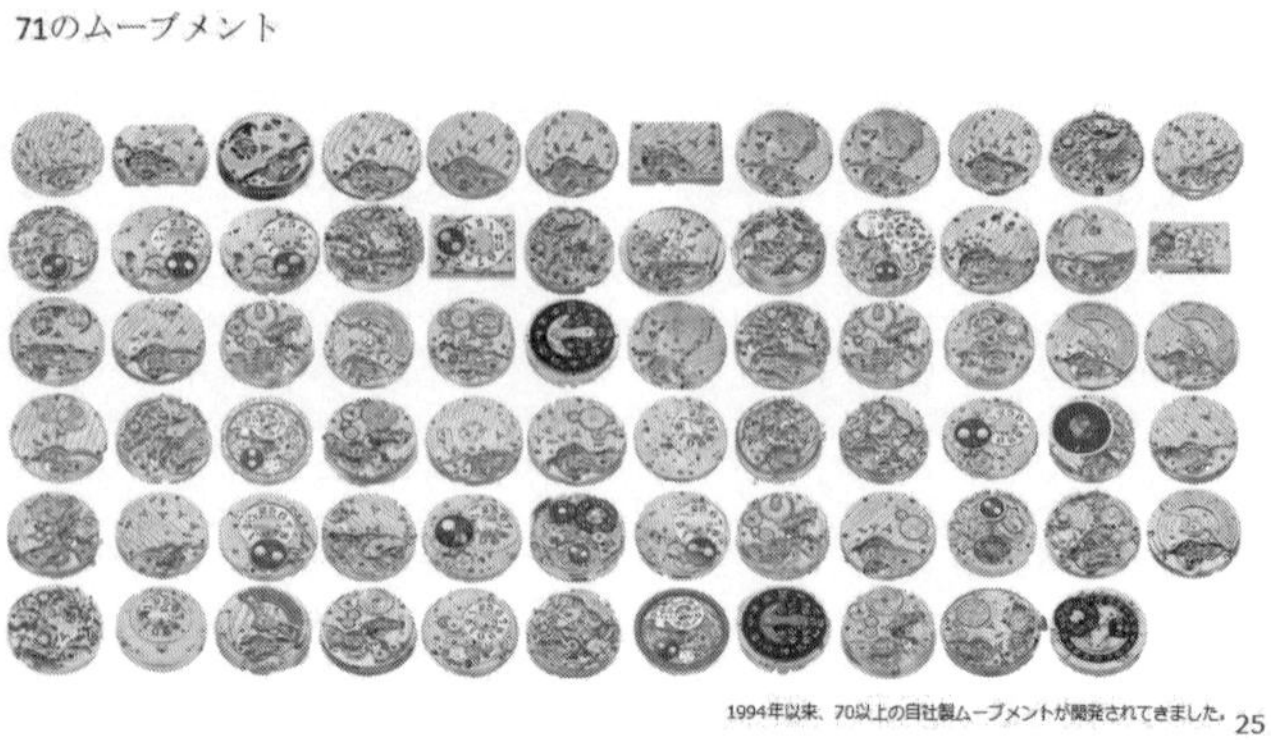

1994年以来、70以上の自社製ムーブメントが開発されてきました。

出所：A. LANGE & SOHNE 提供

ルラインナップ、つまり二針のシンプルな時計でも複雑機構を搭載したモデルでも、同じように二度組みというのを手間暇かけてしています。究極の完成度、それから精度を担保するというところにこだわって、こうしたことを一本一本しています。ですから、生産量が増やせないというようなことになっています。

時計の話が続いて恐縮なのですが、ムーブメントと呼んでいるいわゆる時計の心臓部ですね。車でいうとエンジンですかね。私どもはこれまでに71のムーブメントを開発しました。部品からすべて自社で一貫して生産するメーカーのことをマニュファクチュールと呼びますけれども、A・ランゲ

&ゾーネもマニュファクチュールの一つで、こういったムーブメントもすべて自社で作っています（資料18）。

時計メーカーでは一つのムーブメントを作るといろいろなモデルに派生させていくことが多いのですが、A・ランゲ&ゾーネの特徴として一モデル一ムーブメントにこだわり、開発の際まずデザインの美観とかインスピレーションから入って、その時計にはこういうムーブメントが要るよねという、そういった入り方をします。芸術的なところが非常に強いです。

日本におけるA・ランゲ&ゾーネ——日本の時計市場動向

それでは、日本におけるA・ランゲ&ゾーネのビジネスというトピックに入っていきます。

まず、これは世界の腕時計市場の動向になります。2020年、新型コロナウイルスが拡大し、時計も他業界と同じように一旦すごく落ち込みます。マイナス20％の落ち幅でし

資料19　世界の腕時計市場動向（2022年）

スイス時計協会（FH）によると、スイス製腕時計の輸出額は2022年、過去最高を記録。世界への輸出額は約248億スイス・フラン（約3兆6000億円）で前年比11.4％増。

（単位：100万スイスフラン）

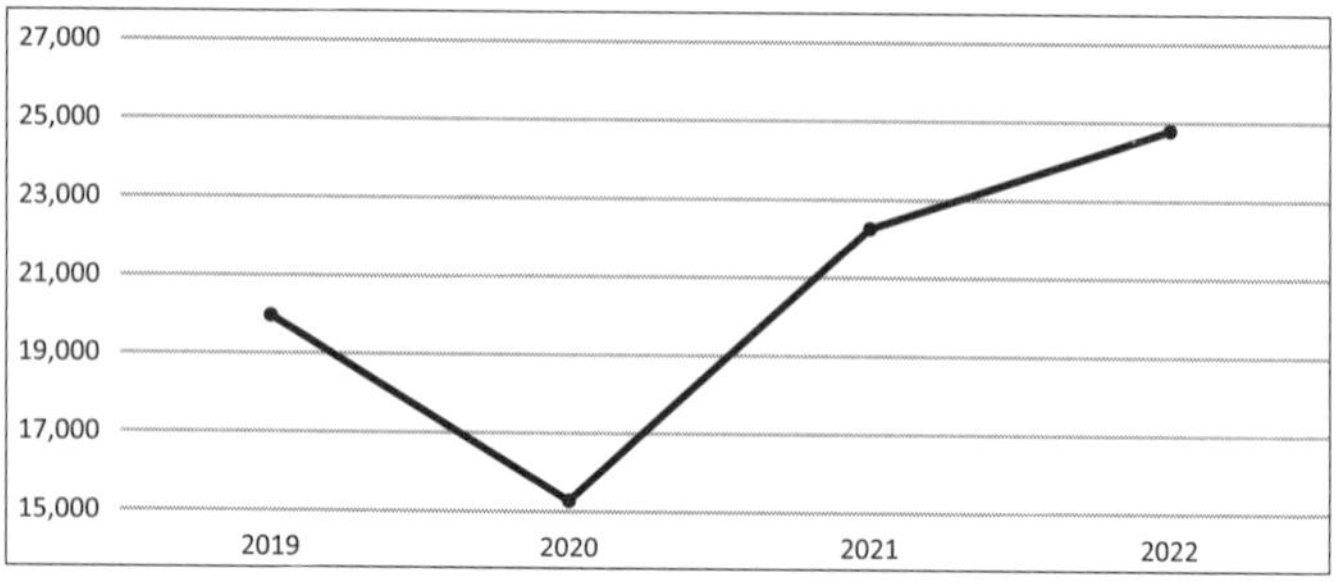

Source: スイス時計協会（FHH）資料より

出所：リシュモンジャパン A. LANGE & SOHNE 提供

た。これはスイスの時計協会が出しているスイス時計の輸出総額になります。2022年にはご覧いただけるとおりぐっと伸びています。約3兆6000億円の輸出額というところになります（資料19）。

ちなみに本数はここまでは伸びていないのですね。ということは、一本当たりの時計の単価が上がったということが見て取れます。

そして、その中で日本の腕時計市場ですが、約8710億円。この斜線のバーが国産ウォッチ。塗りつぶしたバーがインポートウォッチ。日本で売っている時計って、ほとんど輸入時計なのですね（資料20）。

皆さんの中で日本のメーカーの時計をさ

資料20　日本の腕時計市場動向（2022年）

2020年はコロナで店頭販売機会の減少やインバウンド需要消失により前年より売上26％減。しかしその後、金融緩和による富裕層の資産増や実物資産としての需要増によりインポートウォッチの売上は右肩上がりの状況。

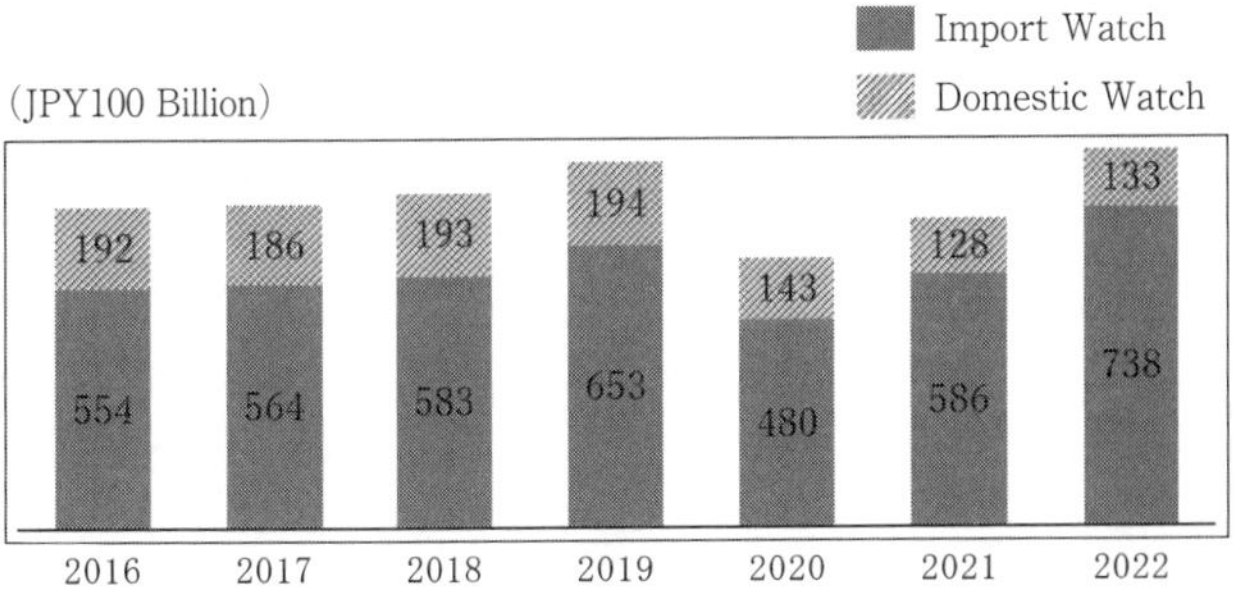

出所：リシュモンジャパン A. LANGE & SOHNE 提供

れている方ってどのぐらいいらっしゃいますか？　海外のメーカーの時計をされている方は？　そもそも時計をしてないという方？　新しい第3の時計というところで。

今、日本の時計をされている方、少なかったですよね。これが、この統計にも表れていると思います。そうした状況下、先ほどお見せしたスイス時計の輸出額のグラフと同様、日本の腕時計市場もコロナのときに一旦落ちて、その後回復、時計業界は非常に成長していって、コロナ前の数字を上回る状況になっています。

日本におけるA・ランゲ&ゾーネ
——持続的成長実現のための3つの戦略

その中で、私たちA・ランゲ&ゾーネも日本において大きく売上を伸ばしています。なかでも直営ブティック（店舗）のビジネスがぐうっと伸びているのですね。かつて日本やヨーロッパ、北米では時計店を通したホールセールビジネスが主流だったのですが、今は逆転をして、直営ビジネスが成長している状況です。

A・ランゲ&ゾーネジャパンでは、持続的な成長を実現するための3つの戦略を掲げています。まず1つ目はブランド。私たちのブランドが軸を絶対にぶらさない点に、最高品質の機械式時計を継続的に開発をして販売をしていくということがあげられます。時計を作るだけだとなかなか皆さんに手に取っていただけないので、ターゲット層への認知促進も必要ですね。A・ランゲ&ゾーネというブランドがあるのですよと、われわれはこういったこだわりがあります、ストーリーがありますというような認知度とブランドのレレバンシー（関連性）をきちんと伝えてあげていくということを目指しています。そして、日本市場におけるブランドの強力な立ち位置、ポジショニングを確立していくというところを目指しています。

また、2つ目の戦略の柱として、顧客とのつながりを重視しています。CRMにも重きをおき、お客様とのタッチポイントというのをしっかりつくっていきます。先ほど申し上げたとおり、ホールセールのビジネスですと、われわれが直接お客様とお話しすることってなかなかできなかったのですね。ところが、直営ビジネスに切り替えることになって、お客様と直接の対話ができるようになりました。ここはすごく大きくて。そうすると、このお客様はどういう趣味趣向があって、どういう時計をお求めで、どういうライフスタイルをされていていてというところが如実にわかってきて、長いお付き合いができます。強いお付き合いができます。そうすることで、結果、お客様のライフタイムバリューを上げることができると考えています。

また、3つ目の柱として販売ネットワーク。どこで何を売りますか、誰に売りますか、ということですけれども、先ほどから繰り返しお伝えしているとおり、リテールに注力をしています。店頭に行かれることがあれば見ていただきたいのですが、ほぼ在庫がないのですね。受注生産ではないのですが、それに近しい状況です。つまりご予約をいただいて、お待ちいただいて、品をお納めすると。デッドストックというものが一切ない状況です。そのことによって、ラグジュアリー理論の話にも続いていきますけれども、お客様の飢餓感であったりとか、枯渇感というのがさらに生まれてくるというような結果にもなっています。そして、どの店舗でも業界トップレベルの顧客体験というのをご提供することを目指しています。

ここでもう一つ、時計のご紹介をしたいのですけれども、これが先ほどお伝えしたオデュッセウスという、カルト的な人気になったモデルの最新作で、2023年4月にジュネーブで発表した時計です（資料21）。

こちらはクロノグラフなのですけれども、値段は非公開、世界限定200本です。ちょっとこのモデルの様子をビデオでご紹介します。

（「オデュッセウス」ビデオを1分ほど上映）

このモデルの何がすごいのかというのは、ちょっとおわかりになりにくいかもしれないのですけれども、これはA・ランゲ&ゾーネ初の自動巻きのクロノグラフでして。クロノグラフ針で時間を計測していくのですが、進んだ分だけ針がぐるぐるぐるって逆戻りしたのがわかりましたかね。そういう、ちょっと特殊な技術を開発したりとかというところで、

資料21　A. ランゲ＆ゾーネ2023年新作「オデュッセウス・クロノグラフ　キャリバー L155.1 DATOMATIC」

(a) オデュッセウス・クロノグラフ キャリバーL155.1 DATOMATIC

(b) A.ランゲ＆ゾーネ初の自動巻きクロノグラフ

出所：A. LANGE & SOHNE 提供

これもファンの方からご要望をいただいています。

先ほどの顧客戦略の話に戻ります。新規顧客の獲得というのはどのようなメーカーさんでもブランドさんでも取り組まれているとは思いますけれども、A・ランゲ＆ゾーネは非常に新しいお客様が増えています。また、一度ブランドのファンになっていただくと、その後リピートして買っていただけるお客様が非常に多くいらっしゃいます。

先ほど6つのモデルファミリーをご紹介しましたけれども、次に何を買っていただくかというのをコンサルテーションをして、リピート顧客をつくって、ライフタイムバリューを上げていくというようなことをしています。ほぼ男性のお客様で、平均年齢は40代。聴講者の皆さんは30代ぐらいの方が多いのかな。20代の方もいらっしゃり、おそらくご想像いただいている以上にお若いお客様が多いのではないかなと思います。

販売ネットワークについて、A・ランゲ&ゾーネは直営店に力を入れているということを先ほどもお伝えしました。A・ランゲ&ゾーネは2023年5月現在、日本に9店しかないのですが、3年前までは実は20店舗ありました。販売網をより絞って効率化を図って、一店舗当たりの売上を上げると同時にお客様との関係性を濃くしていくというような戦略を取っています。

日本におけるA・ランゲ&ゾーネ—日本におけるチャレンジ

さて、そんな私たちA・ランゲ&ゾーネの、日本におけるチャレンジは何かと申し上げますと、まず大切なことはお客様を知ること。時計っていろいろなブランドを複数本買われる方が多いのですね。ですから、A・ランゲ&ゾーネをご所望いただけるお客様というのはどういう方で、どこに価値観を覚えていただいて、深い関係をどうやったらこのお客様と構築できるのか、お客様のご期待を超える価値をご提供するにはどうしたらよいのかを常に考えています。数百万円の時計をお求めいただくので、いつでも買えますというような、替えがきくようなものではないとわれわれは考えているのですね。長い間お待ちいただいて数百万円の時計をお求めいただくに当たっては、お客様のご期待を上回るような価値のご提供ができないと、われわれラグジュアリーとして生きない、成り立たないのではないかというふうに思っています。

そして、そういったお客様と対峙をするわれわれのブランドの顔ですね、アンバサダー（ブティックのセールススタッフ）たち、その人材というのがすごく大事になります。ビジネスは最終的には人が作っていくものですから、人がよくないとビジネスはよくならないのですね。ですから、こうした人材の選定と育成というところにもすごく力を入れています。

具体的に申し上げると、われわれのブランドで働いていることをすごく誇りに思う人材、そしてブランドをきちんと理解をして、それをお客様に伝えることができる人間。どちらかというと、ラグジュアリーって夢の世界とかふわっとした世界に思われがちなのですけれども、その裏には非常に緻密な計画が存在します。それは売上計画もそうですすし、生産計画もそうですし、収益性もそうですね。そうした計画能力。それから実行ですね。思い切って、いろいろな物事をスピーディに進める実行力がある人材というのが必要になってきます。

また、お客様が非常に知識の豊かな方であったりとか、富裕層の方であったり、いろいろなところでご活躍されている方も多いので、その方たちときちんとお話ができるような人材でなければいけないと。できる限り見聞をひろげる努力も必要ですし、ご苦言を頂くことも多々ありますので、タフなメンバーでないといけないというようなことが非常にチャレンジングなところですね。

あとは、慣習との決別という点でしょうか。これも日本ならではかもしれませんが、「昔はこうだったよねとか、時計業界ってこうだよね」というような常識観をある意味覆すようなことをやっているのですね。先ほどの急速な直営化の推進もそうですが、こういった業界の慣習にとらわれないチャレンジ精神が非常に大事になってきています。

ラグジュアリーブランディング理論との対比
―長沢教授によるラグジュアリーブランド構成要素との対比

ここからいよいよ、皆さんが学ばれているラグジュアリーブランディング理論との対比ということで、少し疲れてきたかもしれませんが、もう少しお付き合いください。

冒頭、自己紹介でフランスに留学していた際カプフェレ教授の授業を、私、受けましたとお伝えしたと思います。もう十数年前のことで、皆さんの授業の課題図書であるカプフェレ教授の著書『ラグジュアリー戦略』という本を私も教材として当時使用していました。今回、この授業をするに当たって久しぶりに読み返しましたが、まあ、過激なことが書いてあるのです。当時は私も若かったこともあり、何をこのおじさん（カプフェレ教授）は言っているのだろうと（笑）。

当時日本人の受講生は私一人でしたが、「香織、日本にはラグジュアリーブランドはないのだ」って言われたのです。「何で？」って、その時に聞き返しました。ラグジュアリーはこうだからこうだから、こうじゃないといけないからという説明があって、だから日本にはラグジュアリーブランドはないし、ラグジュアリーブランドはつくれないと、その時に言われたのです。けっこう議論になって、ワインを飲みながら熱くなって話をしたこともありました。当時はあまり腹落ちしていなかったのですが、私自身がヨーロッパに起源をもつラグジュアリーブランドの一つを日本で率いる立場となった今、先生の言っていたこともあながち嘘じゃないなと思ったことがあるので、今からご紹介します。

まずは長沢先生の『高くても売れるブランドをつくる！』というご著書のほうから取らせていただいた、ラグジュアリーブランドの構成要素です（資料22）。

上からいくと、ネーム。「文字によって表記し、発音できる正式名称」というのがあるということ。これはベーシックですけれども、私たちA・ランゲ＆ゾーネでもあります。ロゴもありますよねと。

それから、「色、形、素材、パターン」というのは「他ブランドと識別できる色、形、素材やパターン」。私たちのランゲグレーというグレーのキーカラーであったりとか、さっきのアシンメトリーであったりとか、オフセンター型の特徴的な時計の形。それから、ジャーマンシルバーという素材や4分の3プレートだったり、一目見るとこれがA・ランゲ＆ゾーネの時計だなというところがわかるような作りになっています。そして、アイコ

資料22　長沢教授によるラグジュアリーブランド構成要素との対比

構成要素	説明	A.ランゲ&ゾーネ
ネーム	文字によって表記し、発音できる正式名称	A. Lange & Söhne
ロゴ	ネームを特徴的な字体や色彩で表記した連結文字と、その他の装飾的な図形、記号、色彩等のシンボルマーク	A.LANGE & SÖHNE GLASHÜTTE I/SA
色、形、素材、パターン	他ブランドと識別できる色、形、素材（造形の3要素）やパターン	ランゲグレー（色）、オフセンター（形）、ジャーマンシルバー（素材）等
アイコン	アイコン的製品、特徴	ランゲ1、ツェイトヴェルク、ダトグラフなど
旗艦店	ブランドの全商品を取り揃えるとともにブランドの世界観を魅せる店。一等地に立地。	A.ランゲ&ゾーネフラッグシップブティック（NY、ドバイ、香港、シンガポール、上海、フランクフルト、銀座）
聖地（地名）	創業の地、工房所在地、博物館、美術館など	グラスヒュッテ：創業の地、本社・工房所在地、博物館
人物（人名）	創業者、デザイナー、技術者、職人、大使、女神、著名人等	フェルディナント・アドルフ・ランゲ、ウォルター・ランゲ、ギュンター・ブリュームライン
世界観	名前を読まなくてもブランドを認識可能にするものすべて。たとえば、ブランドの想像力、ブランドとともにある生活、ブランドに内在する神話、価値体系等	世界最高水準の時計作り、東西ドイツ統一により復活した劇的なストーリー
正当性	ブランドの存在理由や権威付けの源（事業、素材、歴史、文化、生活様式）	19世紀の貴族社会や文化芸術との関連性、地域振興としての発展
夢	ブランドの認知度と普及度の差	一部の時計愛好家への普及度は極めて高い

（資料）長沢伸也（2015）『高くても売れるブランドをつくる！―日本発、ラグジュアリーブランドへの挑戦―』同友館、p.120、表より一部引用。
出所：リシュモンジャパン A.ランゲ&ゾーネ提供

ン的な存在であること。ランゲ1というブランド再興のときに発表したアイコンモデルがありますが、これは発表以来デザインが変わってないのですね。94年から。

私、前職、ポルシェにいましたけれども、ポルシェの911というモデルがあります。スポーツカーで。911も少しずつ変わってはいるのですけれども、流線型のデザインというスタイルはほぼ変わっていなくて、皆さんが見ると、「あれ、911ね」とわかると。ランゲ1もそうなのですね。ですから、お客様の中にはポルシェとランゲって似ているねとおっしゃる方もいらっしゃいます。ランゲ1というのはそういったアイコニックな、今なお古めかしさを感じることのないデザインというところになっています。

それから、フラッグシップ店があるというところですね。これも、私どもは銀座がフラッグシップなのですけれども、世界7拠点、フラッグシップというのを構えています。また、聖地があること。これも先ほどのドイツのグラスヒュッテというところで、こちらの工房でしか時計は作りません。ランゲはどこか別の工場を造るということは一切せずに、時計作りの聖地ですね。このグラスヒュッテというのはA・ランゲ&ゾーネ以外にもいくつか時計工房、時計メーカーがあります。ここがドイツの時計の聖地と呼ばれていて、ここを拠点にし続けています。

また、人物も、創業者フェルディナント・アドルフ・ランゲ、そしてブランドを再興させたウォルター・ランゲが今もアイコニックな人物として語られ、彼らの精神、モットーが今なお脈々と受けつがれています。

また、世界観ですね。「名前を読まなくてもブランドを認識可能にするものすべて」と書いてありますが、われわれでいうと、私たちの世界最高の時計を作っていくというような世界観であったりとか、非常にドラマティックなストーリーを持っている。

そして正当性。これは面白いですね。ラグジュアリーは正当性を持っていなければいけないと。なぜこのブランドが存在するのか、権威付けの源というようなところなのですけれども、たとえばA・ランゲ＆ゾーネの場合は、19世紀の貴族社会や文化芸術との関連性がそれに値すると考えます。先ほど懐中時計をずっとオマージュとしてそのまま時計作りに生かしているというふうに申し上げましたけれども、そういう歴史的な背景というのを大事にしてなくさずにいます。たとえば時計の機能のこのチラネジ。機能的には本当は必要ないのですけれども、美観として昔からあったから採っているものだったりとか、すごくそういうこだわりをずっと続けているというところが見て取れます。

また、夢があること。「ブランドの認知度と普及度の差」ということで先生が挙げていらっしゃいますけれども、いつかはランゲを買いたいというようなことを、時計好きの方にはおっしゃっていただけることがとても多いですね。夢のブランドの一つと。ただ、まだまだわれわれの認知度というのはそこまで高くないので、もう少し夢を膨らませていただけるような人をつくっていきたいなと思っています。

ラグジュアリーブランディング理論との対比
——カプフェレ・長沢教授によるラグジュアリー戦略との対比

続いて、カプフェレ先生のラグジュアリー戦略。これはマーケティングの逆張りの法則という章ですね。これ、読まれた方はいらっしゃいますか。全部は今申し上げませんが、すごく過激なことが書いてあるのですね。顧客に売るなとか、「うんうん」って言ってますね。あとで時間があるときにぜひ読んでいただきたいと思いますが、実はカプフェレ教授が言っていることはおおむね当たっていると思います（資料23）。

たとえば、需要と供給のバランスで、あえて需要に応えるなというか、供給を少なくし

資料23　カプフェレ・長沢教授によるラグジュアリー戦略との対比

項目	ラグジュアリー戦略	A. ランゲ&ゾーネ
Brand	・従来のマーケティング理論の逆張り	・概ね合致 ・相違点：需給ひっ迫や価格上昇は意図しているのはではなく、結果として。また、顧客とブランドが家族のような関係を築くことを目指している。
Product	・卓越した品質（こだわりや物語） ・絶対的品質 ・感性品質（経験価値）	・世界最高水準の時計作りを理念とする ・比較対象（Competitor）はない ・ドイツグラスヒュッテの工房で、熟練された職人による手作業を重視した感性に訴えかけるものづくり
Price	・高価格（適正価格） ・絶対価値	・価格帯は300万円から数千万円。 ・ブランド理念やストーリー、効率性とは対極にある妥協なきクラフツマンシップなど、唯一無二の価値を反映した価格
Place	・限定された流通チャネル ・旗艦店	・極めて限定的な販売チャネル（2024年現在国内7店舗） ・銀座ブティックを旗艦店として位置づけ
Promotion	・パブリシティ重視	・過度な広告展開はせず、メディアが興味をもち積極的に取り上げてもらうよう配慮

（資料）

・Kapferer, Jean-Noël and Bastien, Vincent (2009), The Luxury Strategy —Break the Rules of Marketing to Build Luxury Brands—, Kogan Page, London（長沢伸也訳（2011）『ラグジュアリー戦略—真のラグジュアリーブランドをいかに構築しマネジメントするか—』東洋経済新報社）

・長沢伸也（2015）『高くても売れるブランドを作る！—日本発、ラグジュアリーブランドへの挑戦—』同友館、p.145より一部引用。

出所：リシュモンジャパン A. ランゲ&ゾーネ提供

ろというようなことがあります。「売るな」という法則ですね。実はA・ランゲ&ゾーネはあえて供給量を抑えているわけじゃないのですね。先ほどお伝えした、一つ一つ手で作って二度組みをするという工程を経るがために、作れないのですね。その技術を持っている時計師の人数がすごく限られています。ですので、作りたくても作れない。最高品質の時計を作るためには妥協はできないので、結果的に生産本数が少なくなって、欲しいと思っていただける方とのバランスというのが、需要が供給を上回るということが起きています。

ですので、私たちが目指していることというのは、飢餓感を煽ってお客様の上に立ってということでは全くなくて、お客様とブランドが家族のような信頼関係を築くことを目指しています。私たちは今、すべてのお客様をファーストネームで呼べる、そんな間柄でありたいということを目指しているのですね。それこそが真のラグジュアリーじゃないかなというふうに思っています。

また、プロダクトですね。ここも品質のことは詳しくは申し上げませんけれども、比較対象として、私たちはどこが競合ブランドだということを一切考えません。同じような価格帯の時計ブランド、ございます。ただ、それぞれに特徴があって、私たちは私たちのものづくりがあると。ですから、いわゆるマーケットプライスがあって、ポジショニングがあって、私たちはここを狙っていこう、このターゲットのお客様を狙おうというような従来型のマーケティングということはやりません。どちらかというとインスピレーションで、いいものを作れば、お客様から評価していただけると。職人の熟練した手作りの時計、それをわれわれはただ愚直に作り続けるだけなのだということです。

その結果、プライスが、ブランドの理念やストーリー、唯一無二の価値を反映した価格となっています。効率性とは対極にある真のクラフツマンシップを体現していて、作りたいものを作ったらこの価格になる、すごく上から目線に聞こえるかもしれないのですけれども、その価値をご評価いただけるお客様にお求めいただけるのがいいのかなというところであります。

また、マーケティング要素のプレイス（場所）ですけれども、ここも極めてセレクティブな販売チャネルというのを持っています。

また、プロモーションもパブリシティ重視です、広告ではないですよ、ラグジュアリーブランドはという記載がありますが、私たちもそうです。過度な広告というのは展開しません。メディアの方にPRとしてパブリシティで取り上げていただければそれでいいのかなど。

また、ブランドを知ってもらうために有名人を起用し多額の広告費を費やすアンバサダー戦略というのも取りません。ただ、A・ランゲ&ゾーネの時計をたまたま本当に好きで愛してくださっているような方々が各界にいらっしゃるため、そういった方にお話をしていただいたりとかということはあります。

日本のものづくりやブランディングについての考察

では、もう少しですので、お付き合いください。ここで、次の項目。日本のものづくりやブランディングについての考察に移ります。またもう一度アンケートをとりますので、こちら携帯でお答えください。

(QRコードによるアンケート実施)

はい。じゃあ、そろそろいいですかね。日本初のラグジュアリーブランドを3つ挙げてくださいという質問でしたけれども、上からタサキ、レクサス、ミキモトが挙がっています。ミキモトさん、パールですね。レクサス、タサキ、ミキモト、レクサス、多いですね。セイコーさんですね、時計。「いまだない」とおっしゃられた方もいますね。あと、コスメでクレ・ド・ポー　ボーテ、コスメデコルテ、グランドセイコー。あとは、私、これわからない。細尾さん。

【受講者】　京都の着物の。

【山崎】　そうですか。着物。さすが詳しいですね。あと、クレ・ド・ポー　ボーテとかかな。あとコム・デ・ギャルソン、ファッションですね。イッセーミヤケ。あとは西陣織着物や輪島塗の漆器ですかね。あとはサントリーウイスキーとか。あとは全く思いつかない。京友禅。ピンとこない。ヤマハ。ありがとうございます。こんな感じで皆さん、今、レクサスが一番多かったのかな。レクサスとか、セイコーさんとか、この辺が多かったということです。ありがとうございました。

ここからは、私なりの日本のものづくりやブランディングについての考察ということです。レクサスが日本初のラグジュアリーブランドだと言っていただいた方が多いのですけれども。これって何かわかります？（資料24、ただし自動車の写真は掲載省略）

これは2006年に発売したモデルなのですけれども、セルシオっていうモデルなので

資料24　日本のものづくりやブランディングについての考察

トヨタ			レクサス	
セルシオ			レクサス LS460	
2006年発売	700万円	⇒	2006年発売	850万円
ソアラ			レクサス SC	
2001年発売	600万円	⇒	2005年発売	700万円

出所：リシュモンジャパン A. ランゲ&ゾーネ提供。
　　　ただし、自動車の写真は掲載省略

すね。セダンの高級車です。右側がＬＳ４６０。下がソアラかな。こちらはＳＣということなのですけれども。私がトヨタ自動車で仕事をしていたのは90年代半ばなのですけれども、その当時とおそらくあまり変わっていない価格づけに見えます。２００６年時点では、トヨタセルシオは７００万円で売っていましたと。で、レクサスＬＳ４６０は８５０万円なのですね。トヨタソアラが６００万円で、レクサスＳＣが７００万円。トヨタとレクサスって、ほぼほぼ中身は変わらないはずです。

　トヨタ自動車という会社は基本的にお客様を第一に考え、マーケットを見るのですよ。この価格帯に合わせたいから、コストを削減して、努力をしてこの価格で車を売れるようにしようって考えるのですね。その後に行った日産自動車というところは、下からコストを積み上げていって、しかるべき利益率を確保したらこの値段になりましたというようなプライシング戦略なのです。

そこがすごく対照的で、トヨタはそういった、サンドイッチっていうのですけれども、上から降ろしていって、下から積み上げていって、努力をしてその価格付けというのを当時はしていました。

話を戻しますと、トヨタのセルシオの販売価格が決まったあと、当時、私がいた時は海外部門だったので、レクサスを売らないといけないということで何をしたかというと、1００万円乗せておけばいいからという話でした。これはリアルな話です。

それが、その後、２０００年代になっても＋１００万円で価格付けをしているのを見て、面白かったのでご紹介です。こんな価格戦略というのをやっていましたという話から、私なりにですけれども、日本のものづくりやブランディングについての考察をお話しします(資料25)。

ストーリーテリング、トヨタ自動車もそうなのですけれども、トヨタもすごく歴史があります。豊田佐吉さんという人が織機から作っているのですけれども、さっきのランゲ

資料25　日本のモノづくりやブランディングについての考察

①　ストーリーテリング ・品質は良く、歴史や伝統もある。しかし。。 ②　価格 ・価値に見合うプライシングを。 ③　販売チャネル・ブランドに相応しい場の提供 ・直営ビジネスの重要性 ④　グローバルにおけるプレゼンス・世界進出しているブランドはあるが。。 ・憧れが醸成できているか？ ・時間軸の認識が他国ブランドと異なる

出所：リシュモンジャパン A. ランゲ&ゾーネ提供

じゃないのですけれども、トヨタもすごくいろいろなことに貢献、地域にも貢献をしていますが、あまり実はそこって語られていないというか、知られていないところがあるのかなと。ましてや、レクサスって何のためにやっているのですかとか、その辺がちょっとわからないのですよね。海外向けに当初は立ち上げたブランドですが、取りあえず収益率のいいハイエンドのラインをつくり、ネットワークを別に持ちましたが、100万円の上乗せでよかったのかどうかは疑問です。本当はレクサスをさらなる高級ラインにもっていきたいのであれば、ラグジュアリーとしての価値って何ですかというところから再定義をしたプライシング戦略を取ってもいいのかもしれません。少し高いトヨタではなく。あくまでも私見ですが。

それから販売チャネル。これも「ブランドにふさわしい場の提供、直営ビジネスの重要性」と書きましたけれども、自動車業界はどちらかというと直営店からフランチャイズのほうにシフトをしていっているのですね。収益性が悪かったということで。ただ、お客様との関係性をつくるというところにおいては、やはり直営ビジネスのほうが顔が見えてきます。

私がいたポルシェジャパンというところも、当時で45拠点ぐらいディーラーさん（ポルシェセンター）がありました。ポルシェではお客様とお会いする機会もたくさんあったのですけれども、最終的に商売のコントロールというのができないので、業態によるかもしれませんがラグジュアリーになればなるほど、直営ビジネスというところをしっかりやっていくほうが結果的に売上も利益も伸びるのではと思っています。

それが日本のものづくりですと、先生のご著書の中にも、いくつかのブランドさんで直営に力を入れていますというようなところがありましたけれども、まだまだそこが弱いのかなという気がしています。

また、グローバルにおけるプレゼンス。これもカプフェレ教授も言っていましたし、長沢先生のご著書にも記載がありました。たとえばパリのヴァンドーム広場にお店があることが一つのラグジュアリーのステータスだということがありますよね。日本ブランドの中にも世界進出しているブランドさんはありますし、インターブランドさんのブランドランキングにも入ってきているのですけれども、世界中の人に憧れられているブランドですか?というところなのですね。

先ほど名前の出た日本ブランドさんたちは、すごくいいものだよねという認識をされていらっしゃると思いますが、世界中の方から「これが本当に欲しいのだと、将来いつかはこれが欲しい」と思っていただけるところにまでいけているかというと疑問です。そこがもう少し日本のブランド頑張っていこうよというところ。どうしたらいいのかというのは私もいまだ解が出ないですけれども、まだまだそういう領域に行けていないのかなというところですね。

「時間軸の認識が他国ブランドと異なる」という点について、日本も古い歴史のブランドがあるはずなのですけれども、先ほど申し上げているように、欧米のブランドというのは、特にヨーロッパのブランドは、創業者がいて、脈々とアイデンティティを受け継いでというブランドが多いので、そういったストーリーテリングを含めて、日本のブランドというのはなかなかできていないのかなと思っています。

まとめ・学生へのメッセージ

ここまでが私の今日の講義というか、ご紹介とさせていただき、まとめに入ります。皆さん、何かしらの志があってMBAを取られていて、その中でラグジュアリービジネスというのを専攻されていると思いますが、なぜラグジュアリーをやっているのですか、皆さん。よく採用面接でも「ラグジュアリーに行きたくて」って言われるので、何で？って聞くのですけれども、何のためですか。どなたかいらっしゃいますか。なぜ長沢先生のゼミを取っているのか。シャイですね。はい、どうぞ。

【受講者（榎本）】 貴重なお話、ありがとうございました。私がラグジュアリーの勉強をしていますのは、今、長沢先生のゼミに入っているのですけれども、長沢先生の主義主張と全く一緒で、高くても売れる日本発のジャパンブランドというのののやり方、手法を編み出して、日本企業に伝えたいという思いがあって、勉強しています。

【山崎】　すばらしいですね。すばらしいと思います。皆さん、学ばれていることを生かしていきたいと思われて、こうした貴重な時間を週末を使って、費用をかけて学ばれていると思うのですね。私もいまだに解が出ないのですけれども、何でラグジュアリーを勉強したのかなとか、ラグジュアリービジネスをやっているのかなというところなのですけれども。

さっき、日本ブランドのラグジュアリーで出てきたミキモトさん。実はカプフェレ先生の授業の一環で「日本発のラグジュアリーブランドを成長させるために」というレポートを書きました。ミキモトさんとレクサスの事例を書いたのですけれども、そのときのカプフェレ教授のフィードバックは、「日本のブランドはプレミアム止まりだと。ラグジュアリーにはなれない。なぜなら、わぁわぁわぁ…」と言われて、「いや、違う」と私も意見を戦わせたのですけれども、敗戦。ちなみにそのレポートは残念ながらBでした（笑）。

冒頭申し上げたとおり、若い時は日本から世界に向けてすばらしいものを出していきたいという志があって、トヨタ自動車に入社しました。最終的に日本発とか世界発とかでなくてもいいのですけれども、何か価値のあるものをご提供することで世の中の人がすごくハッピーな気持ちになって、夢が叶ったって思っていただけたりとか、そういうところにいるのが私は今楽しくて、面白くて。その中でさらに日本のブランドが世の中に出ていければ、それに越したことはないなというふうに思っているのですね。

そうした点で申し上げると、本日ご紹介したラグジュアリービジネス戦略は、長沢先生もおっしゃっているとおり、いろいろなエリアに適用できると考えます。また、ラグジュアリービジネスに限らずですが、皆さんが何のためにご自身の携わっているビジネスをやっているのかとか、どうしていきたいのかとか、そういうことを常に考えて軸をぶらさなければ、自然と解は出てくると思うのですね。皆さん、ビジネススクールなのでビジネスをされているし、もっとしたいからここにいらっしゃると思うのですけれども、何のためにやっているのだというところを常に振り返って。

冒頭の自己紹介で、新卒の時にこういう思いで会社に入ったという話をお伝えしましたけれども、取材などでお話しするときもいつもそういう話をお伝えします。私ってどこから始まって、今何やってて、どこに向かっていくのだろうというのを常に考えています。皆さんがこうやって集まって授業を受けていらっしゃるので、皆さんのビジネスにそういったことを考えて生かしていただけるとすごくいいのではないかなと思っています。

はい。ちょっとまとめが長くなったのですけれども、私からは以上ですが、ここから質疑応答に行きたいと思います。あと15分ぐらい。

【司会（長沢）】 ありがとうございました。（拍手）

【山崎】 ありがとうございます。

質疑応答

【質問者1（富田）】 ありがとうございます。富田と申します。本日は貴重なお話、ありがとうございました。自分はマス製品、シャンプーとかのマーケティングをしていて、ラグジュアリーとは全然違うマーケットで、ラグジュアリーから学ぶことで、差別化という観点で見ているわけではないのですが、結局、日用品とかって血で血を洗う戦いになっているときに、どうやったらよいのだろうというのを学べればなと思っていて。学ぶこと、新しい発見がすごくあります。その中で、ラグジュアリーって、これってどうなっているのだろうというのが2つ、今日のお話にもかかわるところがあったので、お伺いできたらなと思っています。

1点目が、最後のカプフェレ教授的には「売るな」と言っているけれども、実際にA・ランゲ&ゾーネの時計としては、生産が間に合ってないのだよというところがあると思います。これって間に合わせる、つまり職人を今後どんどん増強していって、ボリュームのプロダクションができるようにしていくということを考えているのかというのをお伺いしたくて。そうであれば、その後、生産ができるようになったときに、売るなということに関してどうA・ランゲ&ゾーネが考えるのだろうということが気になったのが1点目です。

2点目も先にお伝えさせていただくと、すごくマスと違うなと自分が感じているのが、インスピレーションだったり、いいものを作ったら売れるということでやってきたときに、とはいえリスクはあると思います。どういうリスクマネジメントだったり、ディスクリミネーションをしているのかだったり、作ったけれどもやっぱり売れなかったものの例とかって何かあるのかなというのをお伺いできたらなと思っています。

【山崎】　ありがとうございます。まず最初のご質問ですね。これは実はお客様からもよく聞かれるのですね。生産を拡大する計画あるのですかってよく聞かれるのですけれども、お答えとしては、今のところありません。

ひとつは、時計師を育成すればというふうにおっしゃられたのですけれども、それはかなり大変なことなのですね。熟練をした職人を育てるというのは非常に狭き門です。ですので、2つ目のご質問ともかぶってくるのですけれども、身の丈というのかな。われわれにはわれわれの規模観というのがあって、そこをむやみやたらに大きくするということは考えていないのです。ただ、付加価値の高い商品、われわれでしか作れない複雑機構などをご提供することで必然的に価格が上がってきて、売上も上がってくるというサイクルなのですね。ですので、マスの製品であっても、ラグジュアリーであっても、皆さんの商材、ブランド、サービスが、自分たちにしかできないものは何なのだというところがあるか、ないかというところはすごく大きなところなのではないかなと思います。

インスピレーションですね。2つ目のご質問で、リスクマネジメントの話ですかね。ランゲでは、このデザイナーが作りましたみたいなことを実は言わないですね。みんなでチームワークでインスパイアしあって、こういう時計を作ろうというのをまず決めるそうです。

実際、マーケットでさほど売れ行きが芳しくないかなと思った時計はあります。ただ、最終的になぜか時間をかけていくと売れるのですよね。先ほどご紹介したオデュッセウスというモデルも、ステンレススチールで300万って高くない？　とおっしゃる方も初めはいらっしゃいました。結果的にはご予約が増え、1年待ち、2年待ちとなってしまって、今、受注できないというような状況になってしまっているので、そういう意味では、基本的には売れていますということですね。

ただし、リスクマネジメントという点ではむやみやたらにモデルを垂直展開、水平展開しないですし、コアをぶらさないというところが結果としてリスクヘッジにつながっているのではないかなというふうに私は考えています。

【質問者1（富田）】　ありがとうございます。

【質問者2（井原）】　井原と申します。本日はありがとうございました。資料の中で、合計71のムーブメントを開発したとありました。これ、A・ランゲ&ゾーネさんが抱えている一番買ってくれているお客様から、こういうのを作ってよとオーダーとかされたら、受ける可能性とかってあるのですか。

【山崎】　ムーブメントというか、時計そのものをワンオフで作るということは残念ながらお受けしていません。ただし、時計の構造そのものとかをゼロから作ることはないのですが、ご自身のイニシャルを入れたりとか、さっき言った手彫りの模様ですね。これをこういう模様にしてくれというご要望は受けています。

【質問者2（井原）】 わかりました。ありがとうございます。

【質問者2（石井）】 石井宣子と申します。今日はありがとうございました。私もずっと前から日本製の安かろう良かろうみたいなのが世界中で蔓延していると思っています。たとえば、ユニクロさんとかニトリさんが、日本のイメージを変えてしまったというか、日本の物というのは安くていいものが当たり前みたいなイメージをつくられてしまって、逆にグローバル化するのにすごく難しいなと。日本製ですごく高いものを売っていくというのはすごく難しいなというのを感じています。

その中で、私も実はラグジュアリー系のボディケア商品を、すべてメイドインジャパンのもので作らせていただいているのですけれども、やっぱりターゲットを絞ったりとか、売り先とか卸し先とかを限定させていただいています。山崎さんみたいな方が海外のブランドを広めていくというか、より広めていくというのが、ちょっと残念と申しますか、もっとメイドインジャパンのものを、ここまで海外のものとかを広げてくださっているので、逆にそれって、世界を見た方にもっと日本のものを広げてくださって、先頭を切ってほしいなと思うのです。そういうお考えとかはなかったのでしょうか。

【山崎】　ありがとうございます。いつかはどこかで日本ブランドに最後戻らなきゃいけないかなと思わなくもないのですけれども、日本の企業にラグジュアリー人材の需要があまりない気もします。一つの課題としては、これ言っちゃっていいのかな、待遇とかそういうところも含めて、まだまだ日本は安くていいものを作ります、お給料も含めて、日本人って、ある意味、横並びというか、というところもあって。そうこうしていると、いいものだったり、いい人材だったりとかというところが外資に取られていったりとかっていうのはあるかもしれないですね。

そうですね。ありがとうございます。経済産業省にいた時も、日本のものを海外に出していこうという仕事をしていましたので、どこかでそういうことも携われたらなと思っています。

【質問者2（石井）】　ありがとうございます。ぜひお願いします。

【質問者3（福井）】　ありがとうございました。福井と申します。私は国内の帽子ブランドを扱っている会社におりまして、ラグジュアリーとは価格帯も全然違うのですけれども、工場でのものづくりもしていて、そういった意味でラグジュアリー戦略を一つの参考にさせていただくものがあるかなということでこの授業を取らせていただいております。

お話を聞いていてちょっと気になったことが2つありまして、メディア戦略というか、お客様に認知してもらうというところでPRとしてパブリシティを重視されるということだったのですけれども。と同時に、資料の中でお客様とのタッチポイントとしてECを販売チャネル以外の使い方もしたいということも書いてあったのですが、そのへんとリンクするところがあるのかというところをお訊きしたいと思います。

あと、ちょっと全く別なのですけれども、私は会社のほうで管理部として人事的なこともやっているのですが、人材はとても大事だというお話、先ほど待遇の話もあったと思います。わりとラグジュアリーブランドってクローズドなイメージがあるのですが、どうやって人を惹き付けるというか、待遇ももちろんだと思うのですけれども、それ以外のポイントみたいなところがあれば教えていただきたいなと思います。

【山崎】　ありがとうございます。まずメディア、広告というのは積極的にすることはあまり考えていないとお伝えしましたけれども、eコマースに関しても、われわれはあくまでもお客様の利便性を重要視する中での一つのタッチポイントというところで考えているのですね。ですので、eコマースでここで買ってくださいというような広告展開をするということはあまり実はしていなくて。あくまでも選択肢の一つとしてご提供するというところになっています。

また、こういうモデルがあるのかということで、ウェブサイトからお問い合わせをいただいて、結局のところはブティックでお求めいただくということも多々あります。

また、次のご質問の人材について。そうですね。ラグジュアリーって本当にクローズドに近いかなと思います。私も最初はマスブランドにいて、何度か就職をトライしても門戸が閉められていたりした時期もありました。ラグジュアリー業界でどう人材を確保するかという点ですが、自分たちのブランドのビジョン、DNAをきちんと説明をし、それに共感してもらえる人材を募り、ご入社いただくということをしています。

【質問者4（中村）】　中村と申します。今日はありがとうございました。私は投資関連の仕事をしております。リシュモングループについて、冒頭でご説明をいただきました。そのグループ、ポートフォリオを展開している中の一ブランドとしての展開のしやすさというのがどういうものなのか。たとえばエルメスさんみたいに、一ブランドでポートフォリオでなく展開するのと、どういう違いがあるのかというのを教えていただけたらと思うのですが。

【山崎】　わかりました。ありがとうございます。グループメリットというのは非常にあります。まずシェアードサービスというところですね。管理部門というのはシェアードになっているので、必然的に効率が上がります。それから店舗展開の交渉をとっても、グループのスケールメリットを生かしていい立地を取ったりとか、そういうことが一番レバレッジが利く点としてはあるかなと思います。

【質問者5（味間）】　味間と申します。本日は貴重なお話、ありがとうございます。質問したい点は2点ございます。

長沢教授の「ラグジュアリーブランディング論」の授業で、憧れが醸成できているか、憧れがポイントだと強調されていました。そこで、憧れが醸成できるかできないかというのはどういうところに要因や差があるかというのが1つ目の質問です。

それに関連して品質についてですが、日本のものって基本的には品質がいいものというふうに、もちろんいろいろ千差万別あるのですけれども、なぜ品質がいいものでうまくラグジュアリーブランドになれないとか、なれるものというのはどういうところがあるのかというのが2つ目の質問です。どちらも、単純に山崎様のご見解を伺ってみたいと思いました。

【山崎】　2つのご質問はたぶん関連性があるかなと思っているのですけれども、憧れを持っていただく、醸成するにはどういう要因があるかというところで、手に入れにくいから憧れてもらえるということではないと思うのですね。そのブランドであったり、サービスであったり、そのブランドさんの姿勢というものを自分に反映させたときに、私ってこうなりたいとか、鏡として、こういうブランドを身に着けていることで自分が元気になれるとか、ハッピーになれるとか、なので、高くてもいつかは手に入れたいというようなサイクルになるのかなと思っています。そういった、ブランドに共感を覚えていただくというところですかね、そこが憧れの醸成の要因になるかと思っています。

その中で品質というのは、一つのファクトとしてあってしかるべきだと思います。ただ、どうしてその品質を担保しているのかというと、私たちは絶対に妥協しない時計を作るからだという、その創業者の思いがあったからであって。ラグジュアリーブランドであってもなくても品質は大前提だと思うのですね。その上できちんとそれをお伝えしていくということがすごく大事なのではないかなと思います。

【司会（長沢）】　ありがとうございます。ここで時間なので、と言いながら、最後に特権で私から質問です。

山崎ＣＥＯがお考えになるＡ・ランゲ＆ゾーネらしさ、あるいはＡ・ランゲ＆ゾーネジャパンらしさというのを一言でいうとどうなりますか。

【山崎】　ありがとうございます。私たちらしさは、ウォルター・ランゲというブランドを復興させた人間が言っていた、「Never Stand Still」という言葉（モットー）にあります。これは決して立ち止まらないという意味です。彼は時計が決して止まってはいけないように、われわれも止まってはいけないのだと。常に挑戦をし続けなさいというメッセージです。この言葉がA・ランゲ&ゾーネらしいというふうに私たちも思っているし、お客様にもそう思っていただけることがすごく大事かなというふうに思っています。

【司会（長沢）】　最後の最後までいいお話が聞けました。今日はありがとうございました。（拍手）

【山崎】　ありがとうございます。われわれのブランドからドイツで作ったカードケース、今日、皆さんによければ差し上げようと思って用意しましたので、お持ちください。ありがとうございます。（歓声）

【司会（長沢）】　受講生全員にお土産まで頂戴しましてありがとうございました。それでは、盛大な拍手を。どうもありがとうございました。（拍手）

3

GIAの宝石鑑定とラグジュアリー宝飾ブランド

――ジュエリーに対する公共の信頼を確保するために

講　師：GIA Tokyo合同会社　代表社員　髙田　力
科目名：ラグジュアリーブランディング論
日　時：2024年6月1日（土）13時10分〜14時50分
会　場：早稲田大学11号館9階901号演習室
司　会：WBS教授　長沢伸也

●会社概要●

GIA Tokyo 合同会社
(英語社名：GIA Tokyo Godo Kaisha)

営業開始：2012年（平成24年）2月
資 本 金：非公開
従業員数：非公開
グローバルで約3,000名（2024年3月末連結）
事業内容：宝石の鑑定鑑別、リサーチ、スクールの運営、宝石関連機器販売
本社所在地：
〒110-0016　東京都台東区台東4丁目19番9号 山口ビル7、11階
TEL：03-5812-3215（代表）
代 表 者：代表社員　高田　力

〔講演者略歴〕
高田　力（たかだ つとむ）
GIA Tokyo 合同会社　代表社員
1979年生まれ。2004年に慶應義塾大学を卒業し国内大手宝飾ブランドに入社。同企業の香港のマネジャー、米系の大手ジュエリーブランドのRegional Director、その後別の大手ブランドのウォッチ＆ジュエリー部門のBrand Director（代表）などを経て、2018年11月にダイヤモンドの4Cを発明した、宝石の世界的な権威であるGIAの日本支店、GIA Tokyoの代表に就任し、現在に至る。2014年には、働きながらシカゴ大学のMBAを取得、その後、2023年にはジョージタウン大学のテクノロジー・マネージメントの修士号も取得。

【司会（長沢）】 今日はＧＩＡ Ｔｏｋｙｏ高田力代表をお迎えしております。

私は、宝飾ブランドのカルティエやヴァンクリーフ&アーペル、ブチェラッティなどを取り上げた『カルティエ 最強のブランド創造経営―巨大ラグジュアリー複合企業「リシュモン」に学ぶ感性価値の高め方―』も出版しております〔注〕。また、日本の宝飾ブランドであるナガホリの社外取締役も務めています。そこで、今年（２０２４年）の2月末に海外ゼミ合宿でゼミ生と香港に行き、「香港ジュエリーショー」を見学しました。地元である香港の宝飾ブランドだけでなく、ナガホリをはじめとする日本ブランドや、インドやイスラエルなどのブランドも多数出展していて、多くの来場者で賑わっていました。ほとんどのブランドのブースで、看板となる高額の宝飾品には「ＧＩＡ鑑定証明付き」と添えられていて、「ＧＩＡ鑑定証明」はセールスポイントというよりも必須の条件になっていることにゼミ生ともども感服いたしました。

実は、高田代表には、２０２1年1月に開催した「早稲田大学ラグジュアリーブランディング研究所最終報告会」シンポジウムでのパネルディスカッションにもご登壇いただき、その講演録も出版いたしました〔注〕。また、同年にゲスト講義もいただきました。しかし、その時はコロナ禍の真っ只中で「宝飾ブランドの一部はコロナ禍にもかかわらず好調」とのことでしたが、コロナ禍が収まった今ではだいぶ様子が変わっているようです。講義録を制作するにしてもデータなどの大幅なアップデートが必要ですので、それよりは最新の状況も含めてもう一度ご講義をお願いした次第です。それでは髙田代表、よろしくお願いいたします。（拍手）

〔注〕
●長沢伸也編著、杉本香七共著『カルティエ　最強のブランド創造経営─巨大ラグジュアリー複合企業「リシュモン」に学ぶ感性価値の高め方─』東洋経済新報社、２０２１年
●長沢伸也編著『ラグジュアリー戦略で「夢」を売る─リシャール・ミル、アルルナータ、ＧＩＡ　Ｔｏｋｙｏ、勝沼醸造、玉川堂のトップが語る─』同友館、２０２１年

はじめに

【髙田】　ＧＩＡ　Ｔｏｋｙｏの髙田力です。
本日のアジェンダなのですけれども、３つ、大きなトピックを作らせてもらいました。
まず、１つ目はＧＩＡについてお話しできればなと思っています。ＧＩＡって聞いたこ

とがありますか、皆さん？（受講生がうなづく）あ、よかったです（笑）。けっこういろいろなところへ行くのですけれども、あまり業界のことを知らない方は「ＧＩＡって何？」って言われたりするので心配でした。もちろん、ジュエリー業界にいる方は、日本でも長くこの名前は存在していたので、知っている方が多いのではないかなとは思います。

そして2つ目に、先生もマーケットのアップデートが必要とおっしゃっていましたので、アジアのジュエリーマーケットがどのように変化していったかについての内容。自分は、２００9年頃から、香港におりましたので、アジアのジュエリーマーケット、日本も含めてですが、それがどのように変化していったか、ということも含めてお話しできればと思っております。

そして、最後にこれはビジネススクールの講義ということで、３つ目にラグジュアリーブランドでのキャリア構築ということで、自分のキャリアと、あとどういうふうにキャリアをつくっていったのかみたいなところをお話しさせていただければなと思います。

お話の後に質問等ありましたらということで、Ｑ＆Ａのセッションも設けております。

では、よろしくお願いいたします。

ＧＩＡについて

まず、ＧＩＡなのですけれども、これはＧＩＡのメインオフィスです（資料１）。ＧＩＡは、カリフォルニアのカールスバッド［Carlsbad］というところにあるのですけれども、場所的にはＬＡとサンディエゴの間ぐらいのところにあって、実はここは鑑別事務所と学校（本校）もあるのですね。あと、レゴランドが近くにあるので、リゾート地みたいなところで、行ってみるとけっこう楽しいところになります。

カリフォルニアのほうとか、旅行をされたことがありますか。おそらく、ＬＡとかサンフランシスコとかって行ったことあるよ、って方多いと思うのですが、カールスバッドというのは行ったことがある方っていないですか。やっぱり。いいところなので、あっちのほうへ行く機会があれば、ぜひ行ってみてほしいなと思います。

最初に自分のプロフィールなのですけれども、あとで詳細にお話しさせていただきたいのですけれども、自分は学部は慶応のＳＦＣを卒業していまして、最初に国内の大手宝飾ブランドで勤務していました。その後、ちょっと自分で会社をやっていた時もあるのです

資料1　GIA本社

出所：GIA Tokyo提供

けれども、その後アメリカ系の大手ジュエリーブランド、あとヨーロッパのグループで、今はＧＩＡという感じですね。香港にいる間にシカゴ大学のＭＢＡを取って、最近ジョージタウン大学の、これはオンラインなのですけれども、Master's in Technology Management, テクノロジー管理（技術経営）の修士号も取りました（資料2）。

ＧＩＡなのですけれども、ＧＩＡは広く知られているところでいうと、学校をいろんな国で運営したりしているのですけれども、有名なところでいうと、ダイヤモンドの品質評価の４Ｃですね。ダイヤの４Ｃ、皆さんＧＩＡを聞いたことがあるというの

資料2　高田　力代表

高田力（Tsutomu Takada）
GIA Tokyo 代表責任者, Lab Director
慶應義塾大学卒業。
The University of Chicago, Booth School of Business
MBA（経営学修士）。

Georgetown University, Master's in Technology Management（テクノロジー管理修士）。

出所：GIA Tokyo 提供

で、聞いたことがあるかと思うのですけれども、4Cはカラット、カラー、クラリティ、カット、この4つの品質評価でダイヤモンドの基準が評価されています。この4Cに伴って、希少性が高くなったり、低くなったりというような感じですね。GIAはこの4Cのスタンダードを世界で最初に設定した団体になります（資料3）。

そのほかにも、たとえばインターナショナル・ダイヤモンド・グレーディングシステムとか、あとダイヤモンドにはいろいろな色があるのですよね。赤とか青とかオレンジとか。そういったカラーダイヤモンドのグレーディングシステムを作ったというのもGIAです。そのほかにもGIAは

資料3　ダイヤモンドの国際基準

国際基準

ダイヤモンド品質評価の4C

インターナショナルダイヤモンド
グレーディングシステム™

カラーダイヤモンド
グレーディングシステム

GIA 7 Pearl Value Factor™

品質保証ベンチマーク（QABs）

出所：GIA Tokyo提供

今、真珠やカラーストーンなんかにもすごく力を入れていて、7 Pearl Value Factorという、真珠の7つの品質評価の要素というのもつくっています。こんな感じでジュエリー業界とか、ラグジュアリーブランドのジュエリーの商品の価値を保証するというミッションのもと、業務を日々やっています。

これは少し前のデータなのですけれども、ラグジュアリーブランド、ジュエリーブランドでトップ10は何かみたいなのがあったのですけれども、この中でもトップ10に入っている、超有名なジュエリーブランドがあると思うのですけれども、これらのたとえばエンゲージメントリングの商品

資料4　代表的なジュエリーブランド

ジュエリーの信頼を確保する

10 Finest Jewelry Brands in the World (LUXATIC)

https://luxatic.com/10-finest-jewelry-brands-in-the-world/

10. Hermes
9. David Yurman
8. Graff
7. Mikimoto
6. Tiffany & Co,
5. Van Cleef & Apels
4. Chopard
3. Harry Winston
2. Cartier
1. Bvlgari

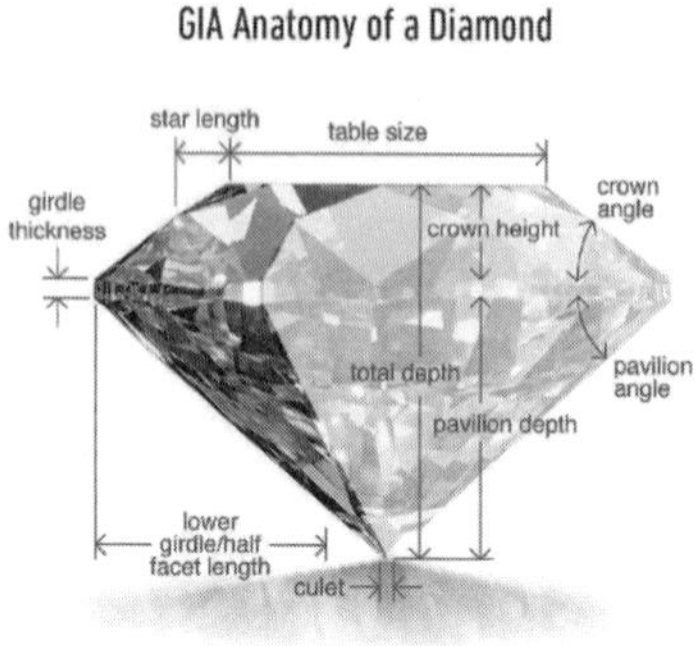

出所：GIA Tokyo 提供

なんかになると、だいたいＧＩＡのダイヤモンドのレポートが付いているケースがほとんどかなと思います（資料４）。

ＧＩＡの歴史なのですけれども、ＧＩＡは１９３１年にロバート・シプリー［Robert Shipley］という人物がアメリカに創業しました。ですので、すでに約95年ぐらい経っている団体になります。先ほどの４Ｃは、１９４０年に最初に考案されました。なので、ダイヤモンドの評価基準、４Ｃというのも80年ぐらいになるのですね。ですので、80年ぐらい前からこの４Ｃという評価軸はあったということですね。そう考えると、かなり歴史のある評価制度ですね。

そのほかでいうと、実は日本にもＧＩＡ

のスクールは長くからあって、1971年に日本の学校が開校しています。ただ、これは当時ライセンスのスクールだったので、2012年頃にいったん閉校してしまって、その後、GIAが直で進出してきた鑑別機関というところが今のGIA Tokyoの形になります（資料5(a)(b)）。

そのほか歴史上有名な宝石たちでいうと、ブルーのホープダイヤとかって、スミソニアン博物館に行ったことがある方もいるかと思うのですけれども、そこで、展示されている世界的に有名なブルーダイヤ、これもGIAがグレードしているダイヤモンドですね。

さっき申し上げたように、2012年GIAのラボが日本にオープンしまして、台東区の御徒町にオフィスがあります（資料6）。御徒町は日本のセカンドハンドジュエリーを扱う会社とか、ジュエリーやダイヤモンドの卸の会社とかがいっぱいあるので、そこのお客さんをサーブするということでオープンしました。

GIAはグローバルに約3000人ぐらいのスタッフがいて、今、12カ国14都市で展開しています。メインどころでいうと、さっきのカールスバッド、アメリカのニューヨーク、アジアでいうと、日本、台湾、香港、バンコク、シンガポールにも拠点があって、一番大きな拠点というのは、今、実はインドのムンバイとスラットという都市も非常に大きな拠

資料5　GIA の歴史

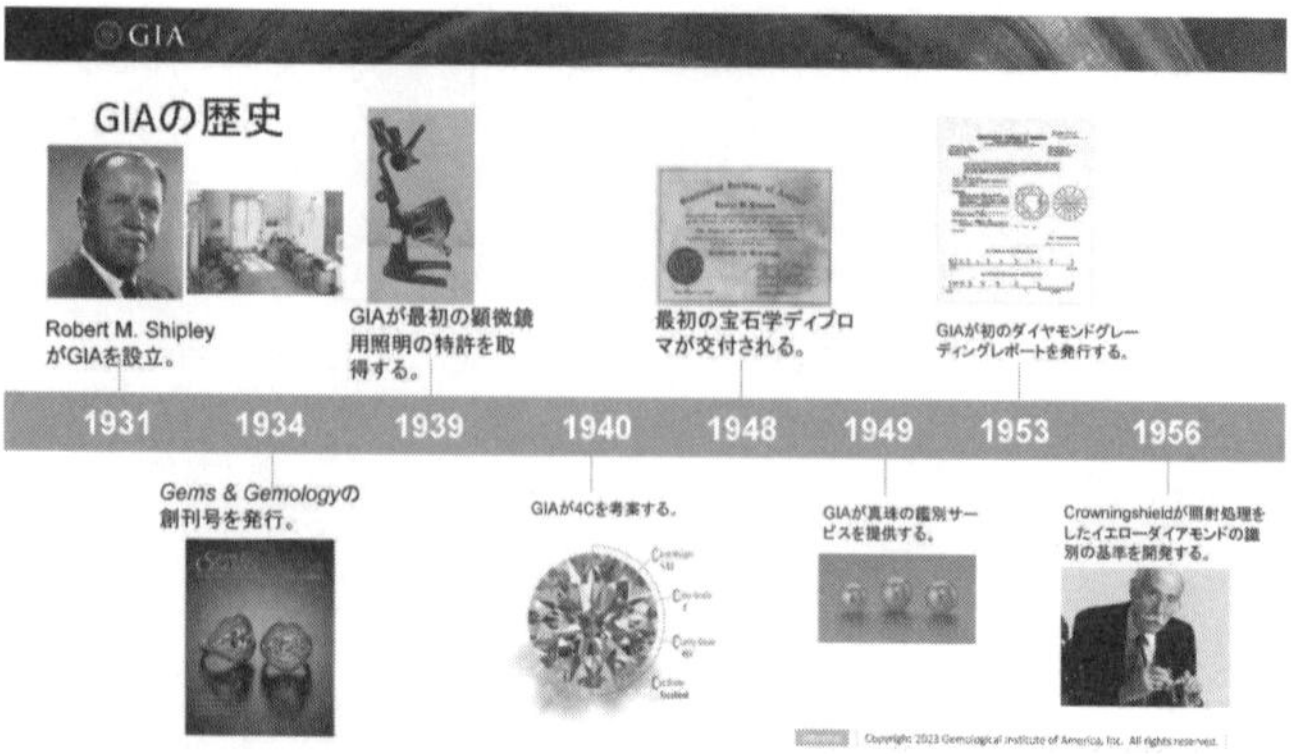

(a) 1931 年～ 1950 年代

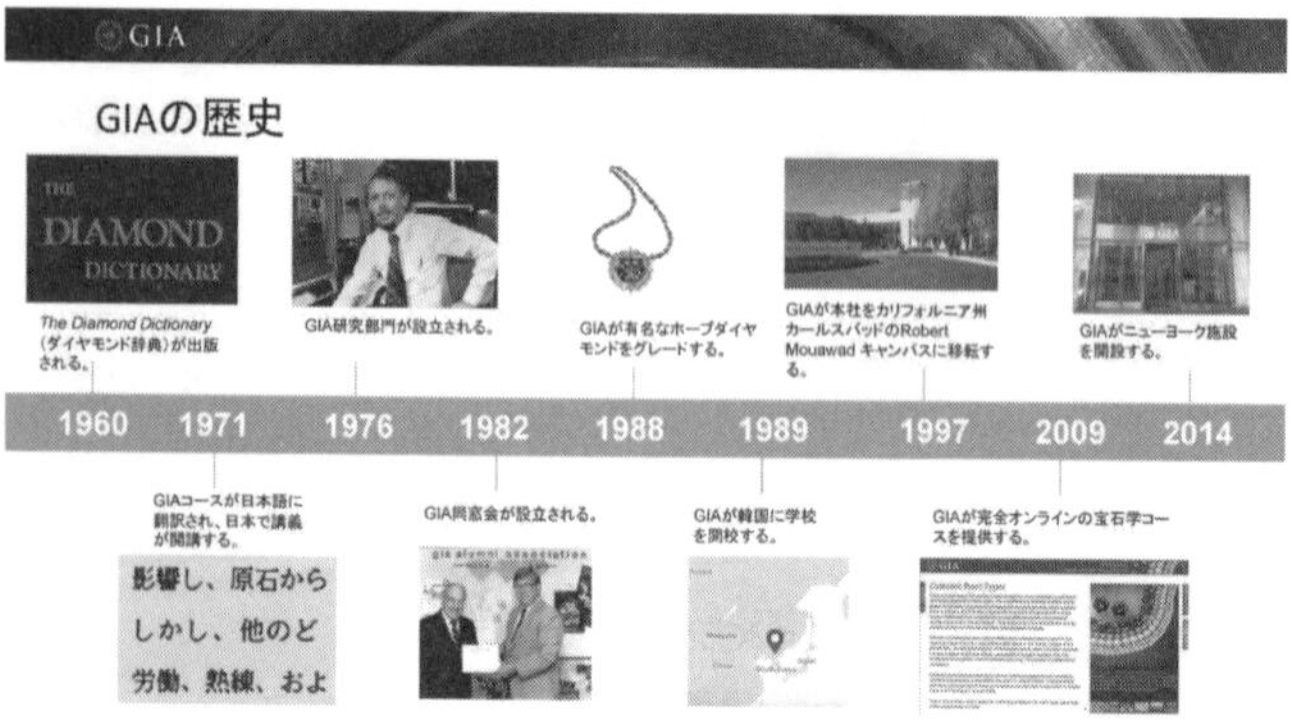

(b) 1960 年代以降

出所：GIA Tokyo 提供

資料6　GIA Tokyoラボラトリー（2012年オープン）

点があります。そのほかに特徴的な拠点といえばアフリカのヨハネスバーグとかボツワナのガボローネ、この辺はダイヤモンドが実際に採れる拠点です。そのほかにロンドン、イスラエルのラマトガンというところとか、ダイヤモンドの取引市場というとこで、ちょっとダイヤモンドとその市場に特化した拠点配置になっているのかなと思います。という感じですね（資料7）。

ＧＩＡのサービスはメインで4つあります。研究部門、機器開発・販売部門、教育部門、そしてラボの部門ですね。研究に関していうと、最近では合成ダイヤって聞いたことがある方もいると思うのですけれども、たとえば合成ダイヤに天然ダイヤの鑑

資料7　GIAの拠点

・3,000人以上の従業員
・12ヶ国
・14都市
・11ヶ所のグレーディング・宝石鑑別ラボ
・8ヶ所のキャンパス
・365,000人以上の受講者

出所：GIA Tokyo提供

別書を付けて質屋に持っていって、偽物みたいな形でばれないからって換金したりとか、そういったことが日本は比較的少ないのですけれども、海外では頻繁に起きたりしているのですね。そういった天然と合成をしっかり区別できるように鑑別の研究をして、宝石に関しての正しい情報をいろいろな方に提供するというようなことを研究部門ではやっています（資料8(a)(b)）。

　機器開発と販売の部門に関してなのですけれども、機器部門に関しては、合成と天然ダイヤを判別する機械、iD100というのですが、これを日本円では100万円弱なのですけれども、こういった機器を実際に開発して販売して、大手のジュエラー

資料8　GIAのサービス

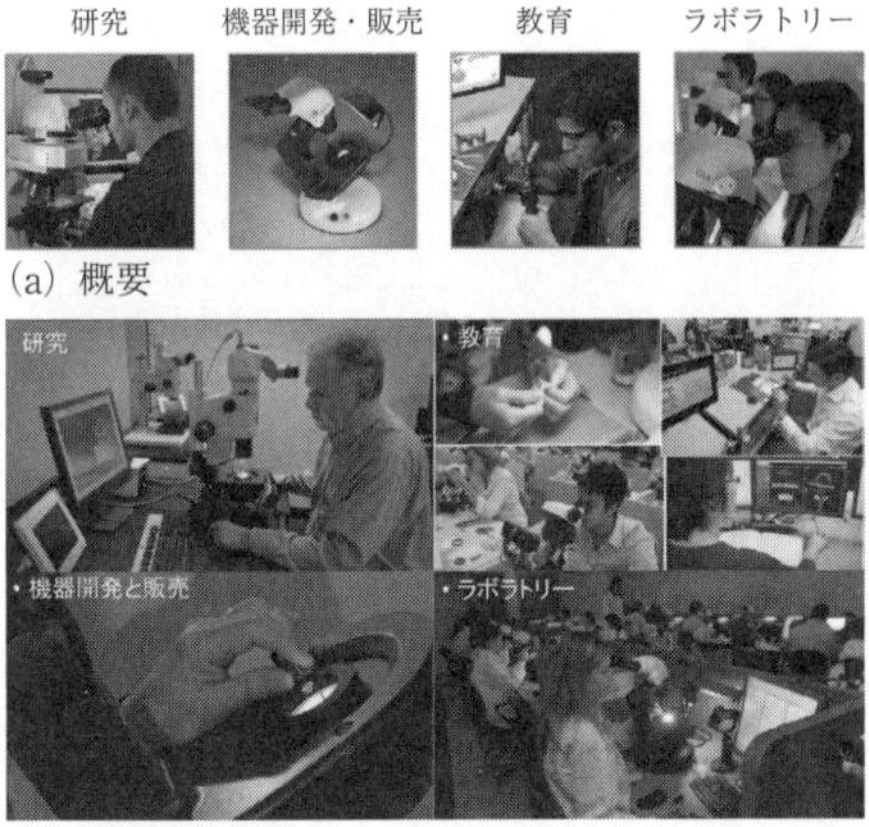

(a) 概要

(b) 詳細（写真）

出所：GIA Tokyo 提供

とか質屋さんとかに使ってもらって、偽物が来るのを防ぐというようなところもあります。

実際、過去にはグローバルなジュエリー企業のサービスセンターでエンゲージリングの修理でお店に持ってきた方がいたのですけれども、それがお店ではわからなくて、預かって、サービスセンターで修理を行っちゃったのですね。最後にお客さんにその商品を返すときに、それは合成ダイヤではなくて、モアサナイトだったのですね。あれはモアサナイトとではないかということで、お客さんと訴訟問題になったというケースがあるのですね。お客さんはサービスセンターの中で換えたのではないかって。実際は最初から偽物を付けて、中で回ったから本物だみたいな、そういう意図で回してきたのですけれども、けっこうそういう事例があったりするのですよね。そういうのを防ぐために、合成・天然とか、類似石を見分ける機械だとか、宝石の鑑別に特化した顕微鏡とか、そういった業界に役立つものも販売しています。

教育に関しては、宝石の鑑定士、グラジュエート・ジェモロジストというのですけれども、この資格を取れるのはGIAの学校になります。昔は日本に学校があったのですけれども、今は撤退してしまって、近場でいうと言語は英語にはなってしまいますが、香港とかバンコクでこの資格を取ることもできます。

最後にラボなのですけれども、GIAの中ではラボ（鑑別部門）が一番大きい団体でして、ものすごく簡単な言い方をすれば、宝石をお客様からお預かりし、その宝石に対してさまざまなテストをし、鑑別書を発行してお金をいただくというようなビジネスがメインになります。

ＧＩＡで鑑別された有名な宝石

ＧＩＡで鑑別された有名な宝石ということでいくつか紹介させていただくのですけれども、一番向こうからエリザベス・テイラーのダイヤモンドとか、ダイヤモンドだけではなくて、サファイアの鑑別書の発行も行っています。これはビルマ産のブルーサファイア、75カラット、かなり大きいですよね。産地の鑑別も一部のカラーストーンであれば可能です。あとは１００カットのイエローダイヤとか。１００カラットといってもこのぐらいだと思うのですけれども、非常に大きいものも入ってきます（資料9(a)～(c)）。

そのほかにもたとえば２００カラットのエメラルドとか、あとはサフロン・ドラゴン、これはメロパールという真珠の一種ですよね。１００カラット、ほぼボールみたいなサイズの真珠だとか、あとはまた１００カラットのイエローダイヤ。あとはさっきカラーダイヤといったのですけれども、これも3つともすごく有名なカラーダイヤですね。パンプキンという名前のオレンジダイヤだったりとか、オーシャン・ドリームというブルーダイヤですね。これは見てのとおり、サイズは5カラットで、ものすごいというのは変ですけれ

資料9　GIA で鑑別された有名な石

Allnatt
101.29 carat diamond

Burma Blue
75.41 carat sapphire

Elizabeth Taylor
33.19 carat diamond

(a) オルナット、ビルマ産のブルーサファイア、エリザベス・テイラー

Imperial
206.09 carat emerald

Saffron Dragon
181.54 carat pearl

Sun Drop
110.03 carat diamond

(b) インペリアル、サフロン・ドラゴン、サン・ドロップ

Pumpkin
5.54 carat diamond

Ocean Dream
5.50 carat diamond

Moussaieff Red
5.11 carat diamond

(c) パンプキン、オーシャン・ドリーム、ムサイフ・レッド

出所：GIA Tokyo 提供

ども、結構小さいのですよね。でも何億もするような商品ですね。このムサイフ・レッドという、こんなに真っ赤な色のダイヤというのは非常に珍しいダイヤになります。こういったものもすべてGIAに入ってくる。そして鑑別をするという感じですね。

あとは、GIAで鑑別されていただろうオークションピースなのですけれども、最近オークションハウスのサザビーズ、クリスティーズ、フィリップスとかって皆さんもなんとなく聞いたことあると思うのですけれども、たとえばピンクダイヤ、2・68カラットのものだと、USドルで6・4ミリオンなので、本当に10億弱ぐらいの値段だったりとか、24カラットのイエローダイヤとかブルーダイヤとか、こういったものにもすべてGIAのレポートが付いています。

GIAで、そのほかで取り組んでいることはさまざまな場面でのオートメーションです。もともと鑑定鑑別作業というのは、人間が顕微鏡を通じてダイヤをじっと眺めて、内包物を発見したり、カットのグレードとか、色を見比べたりみたいなことをしていたのですけれども、今では多くの作業が機械もしくは、人間が機械を操作するような形でやっています。たとえば、ダイヤの色のレベルを測るには、ダイヤをマシンの上に置いて、機械が出してくる数値を見て、カラーマトリックスの中から人間がそれをベリファイしている

資料10　GIA で取り組んでいるオートメーション

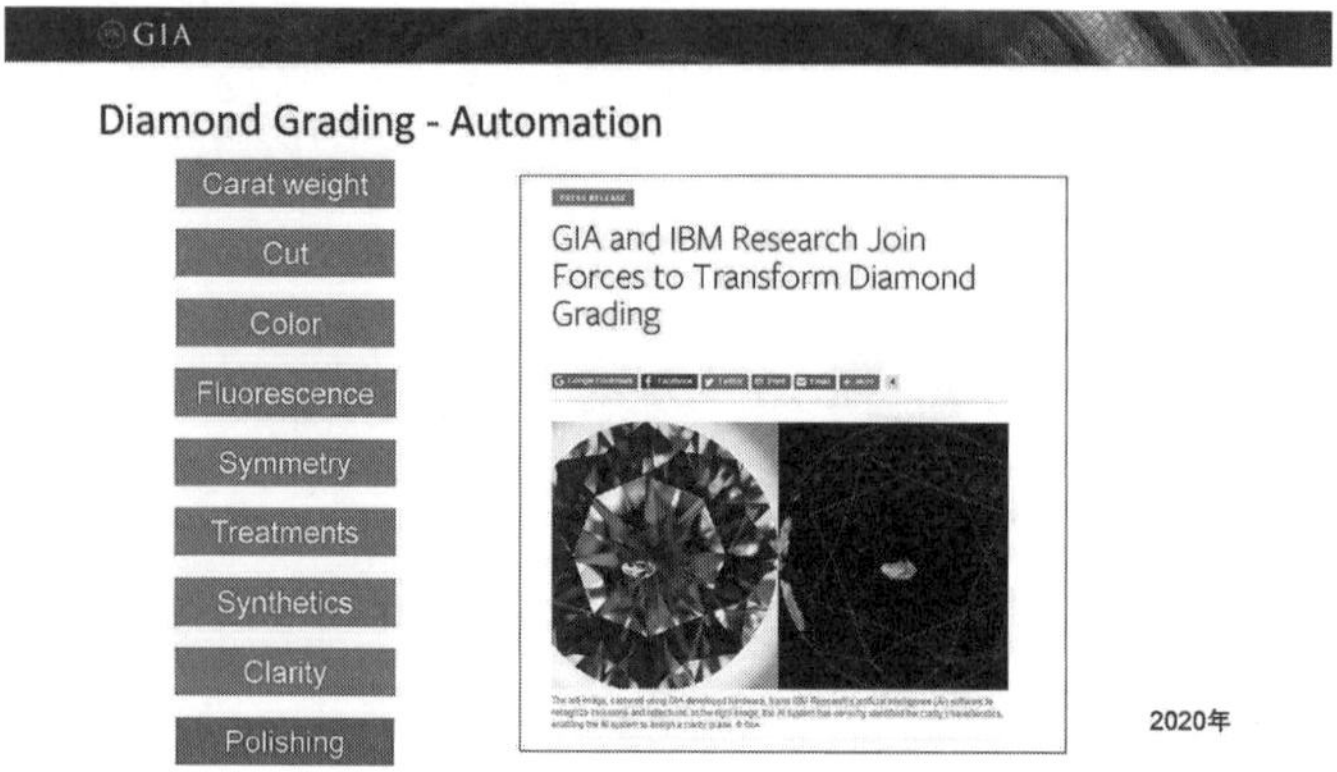

出所：GIA Tokyo 提供

というような形ですね（資料10）。

２０２０年からは、これは一番難しいといわれていたのですけれども、品質を確認するための内包物ですね。クラリティ。たとえばこういった大小の内包物がダイヤモンドにはあるのですけれども（もちろん何もないダイヤもありますが）、こういったものを機械でＡＩを使って画像を学習させて、これはＶＳ１だよとか、ＳＩ２だよとかいうクラリティグレードを編み出しているということですね。もう２０２０年からだから、4年ぐらいやっているのですね。今の機械はイメージ的には、ダイヤを機械に置いたら、ＶＳ１だとかＶＳ２だとかというクラリティグレードの結果がぱっと出る。それを端末で熟練されたスタッフがこれは大丈夫、大丈夫ではないみたい、そういう作業でグレーディングが完了していくというところですね。なので、ダイヤモンドグレーディングの作業は本当にオートメーションが非常に進んでいる分野であります。

アジアのジュエリーマーケットについて

ここからは、アジアのジュエリーマーケットの話をしていきたいと思うんですが、まずは、2000年くらいから2021年にかけて、ラグジュアリーブランドの売上高の推移を見ていただきたいと思います（資料11）。

これは、各ブランドのIRやHPを参考にして自分でまとめてみたのですが、皆さんはどう見られますか？

やはり、どこもジュエリーブランドは、見てのとおり売上を大きく伸ばしているのですね。ただ、そこまで売上を大きく伸ばしていなかったり、売上が減少してしまったところもあったりしたのですが。ま、それは置いといて、この売上が大きく伸びた要因って皆さ

資料11　Luxury Jewelry Brand の売上比較2000→2021

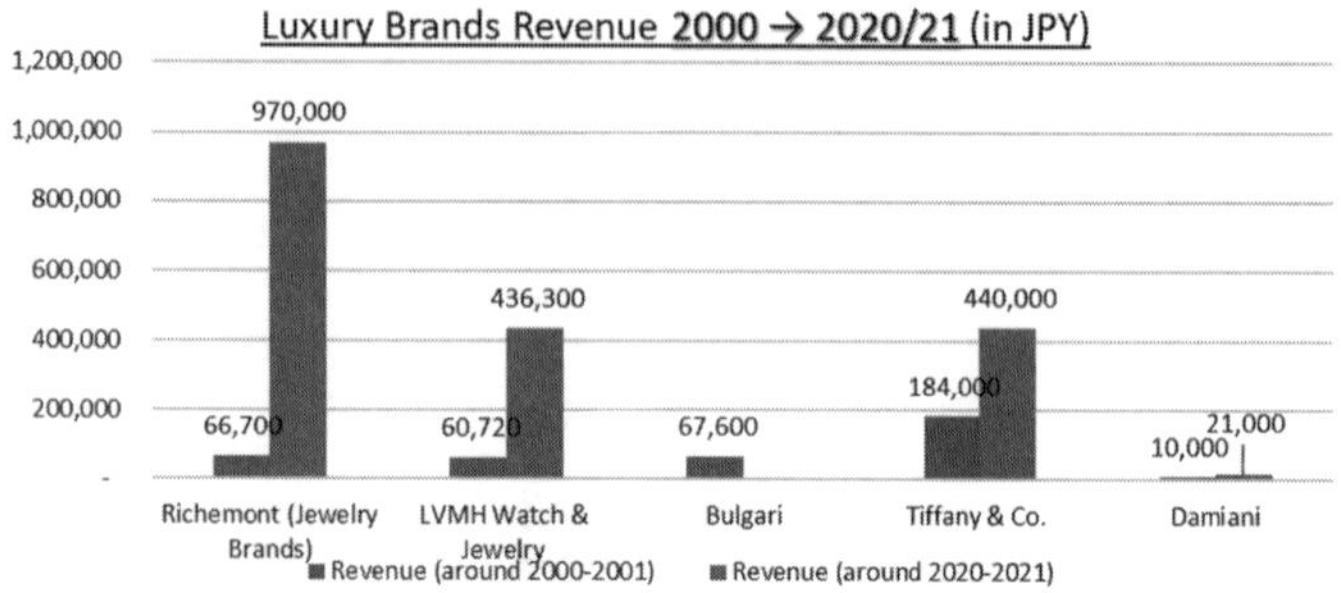

出所：IR データ等をもとに本人が作成。Richemont は2000年と2021年、Bulgari は2000年、LVMH は2020年、Tiffany & Co. は2000年 と2019年、Damiani は2017年のデータを使用

んはどのように考えますか？

やはり、それはリーマンショック後の2009年くらいからですかね、中国市場が大きく伸びたのです。そして、その市場に各ブランドが積極的に進出していった。これは、スライドをみても（資料省略）、ラグジュアリーブランドのお店の前に行列ができている、ま、今ではそういう状況って、どこでも見たことあるかと思うのですけれども、この2009年頃、爆買いとかそういった言葉がでてきたころですかね、やはり、かなり衝撃的だったのかなと思います。

もちろん、この行列とか爆買いは日本でも起きていたわけなのですけれど、最もすごかったのは、やはり香港なのですね。もちろん、中国本土の方が香港に来るには、一応ボーダーを越えてこなければいけないのですけれど、当時は、少しずつだったかな、その枠が解放されていったのですね。なので、香港は本土と陸続きですし、あともちろん、香港とかマカオって場所は、タックスフリーで何を買っても無税という状況だったので、中国本土から、買い物をしに本当に大勢の方が押し寄せ続けたという時期でした。

このスライド（資料省略）を見ていただいてもわかるように、香港やマカオを訪れる中国本土からの旅行客というのは、圧倒的に多かったのですね。

そういった状況が続いたこともあり、やはり各ブランドも出店戦略、商品開発、サービス含め、中国本土のお客様がさらに買いたくなるようなブランドになっていった。そして、売上をどんどん伸ばしていったのですね。

伸び率でいうと、少し前のスライドでもお見せしましたが、すごい倍率で成長していったのです。ま、そんな感じで各ブランドもビジネスをどんどん成長させて力をつけていったわけですが、ここで世界中に大きな事件が襲ったわけですね。

ま、これは皆さんも覚えているかと思うのですが、コロナのパンデミックですよね。このパンデミックがあったことにより、やはり店舗をクローズしなければならない、日本でもそうでしたが、やはり香港やマカオでもインバウンドの商売に関してはお客さんが全然来ないってことで、各ブランドはどこも方向転換というか、戦略の見直しをしなければならなかったわけなのですね。

その結果、各ブランドはデジタル戦略を強化させたのはもちろんなんですけれど、コロナで各国がボーダーを開くタイミングっていうのもそれぞれ少しずつ違ったので、それぞれの国に沿った戦略っていうのを柔軟にしていったわけですね。ちなみに、日本はパンデミックに対する制限が比較的緩かったっていったらおかしいですけど、ストリクトなルールではなく、お願いみたいなベースが多かったですよね。なので、リテールマーケットとしての安心感はあったように思います。

そんなこともあり、コロナ後は日本のマーケットは順調に成長していった、ま、今は円安等もあり、日本に人が集まりやすく、しかもサービスも良いし買いやすいっていうのもあるかもしれないですけれどもね。

あと、ジュエリーマーケットで気になる話としたら、日本のセカンドハンドの商品は無視できない状況ですよね。このセカンドハンドのジュエリーマーケットは少し前から本当に伸びていて、日本で買い取られた商品が、中国をはじめアジアの国々に輸出されていく

資料12　日本のセカンドハンド・マーケット

Jing Daily より

https://jingdaily.com/posts/chinese-and-international-tourists-flock-to-shop-japan-s-luxury-vintage-stores

Nikkei Asia の記事より

https://asia.nikkei.com/Business/Consumer/China-s-shoppers-still-want-luxury.-But-they-re-OK-with-secondhand

出所：Jing Daily、Nikkei Asia の記事より

という。日本でも参入企業もここ数年で本当に増えましたね（資料12）。

少し前までは、中国のお客さんはやはり商品を買うなら新品っていう人がほとんどだったので、それでブランドの店舗に大行列ができていたっていう感じでしたが、今は、セカンドハンドでもいいやっていう人が増えてるようなのですね。日本のセカンドハンドの商品が非常に状態がいいっていうのもありますけれど。というわけで、この市場は非常に成長している市場で、今後も注視していく必要がある市場かもしれませんね。

あともう一つは、中国のジュエリーマーケットで気になるニュース（資料13）とい

資料13　中国のジュエリーマーケットで気になるニュース

若者には金（Gold）が人気
Jing Daily の記事をピックアップ https://jingdaily.com/

出所：Jing Daily の記事より

うことで、金（ゴールド）がGen Z（Z世代）の間では今、人気というニュースですね。中国や香港の大手宝飾ブランドでは、この金の商品に力を入れて展開しているというのもよく聞いています。こういった、劇的な変化があるなかで、今後各ブランドはどうなっていくか、新しいマーケットにも注目しながらビジネスを展開していく必要がありますよね。

では、最後にこのセクション、アジアのジュエリーマーケットの話をさせてもらったわけなんですけど、簡単にまとめさせてもらいたいと思います。ポイントは、大きく3つなのですけれど、まず1つ目は、ラグジュアリーブランドの売上はコロナ後、大幅に伸長した。それで、今後どうなっていくのかなということなのですけれども、これは予想みたいになってしまいますが、日本は、円安により引き続き好調です。すでに中国は成長に陰りが見えていますが、もちろん市場が大きいので、成長するところはあるかと思いますが、今までのように全部のブランドがというよりは、少々厳しい状況が続くかもしれませんね。

そして、2つ目、それぞれ、ラグジュアリーブランドはジェリー、時計、アパレル、バッグといろんなカテゴリーの商品を取り扱っていると思うのですが、ジュエリーのカテゴリーは引き続きそれなりに順調に推移するのではないかなと思います。その理由としては、やはり資産性の部分であったりとか、各ブランドもジュエリーのコレクションを強化していたり、マーケットもしっかりとしてきているってところもあるかもしれませんね。

最後に、3つ目ですが、これは、大手のブランドの話の中であったんですが、時計のブランドなんかは良いところと悪いところと差が出てくるのではないかといわれていました。もしかしたら今までのように全体的に成長できるというよりは、そういった形で、ブランドごとに良いところと、悪いところとで差が出てしまうかもしれないということでした。

ラグジュアリーブランドでのキャリア構築

さて、ここからは僕の個人的な話になってしまうのですけれども、ラグジュアリーブランドでのキャリア構築みたいな話をさせていただければなと思います。

自分はこれまで4つのラグジュアリーのリテールブランドに所属して、現在はGIAの代表をしているのですけれども、やっていた仕事としては、最初の国内ブランドでは僕は最初、マーチャンダイジングというところから入りました。この会社は結局10年以上いたのですけれども、商品開発、あとは品質管理とか素材調達、あと、もちろん営業活動なんかも少しやったりして、日本ではそんな感じの業務をずっとやっていて、5年目で香港のほうに転勤になって、そこからは香港をベースにアジア各国に向けてさまざまな業務を行っていました。当時のタイトルは、マーチャンダイジング・マネージャーということで、商品関連の業務が中心ではあったんですが、当時は、中国市場やアジア市場が非常に速いスピードで成長していたということもあり、出店に関してのサポート業務をやったり、中国を含めアジアのいろんな場所に出張してサプライヤーに会ったり、時にはマーケティング・イベント等に出席してスピーカーをやったり、そして戦略的な部分で、M&A業務のサポートをしたりと本当に今思い出しても、いろんな業務に携わらせてもらいましたね。

その後、その最初の会社を退職後、香港にいて、自分でちょっと会社をやっていた時もあるのですけれども、その時に、あるアメリカブランドの香港オフィスから、理由は何だったか忘れてしまったのですけれども、たまたま声が掛かってリージョナル・ディレクターというポジションでアフターセールスサービスとカスタマーサービス、これは香港のアジアパシフィックとグレーターチャイナのリージョナルオフィスでそのエリアのカスタマーサービスとか、あとは修理するワークショップ、この辺を全部見てくれないかみたいな話があって、採用されたという感じですね。そのころに長沢先生と会ったのですよね。いきなり香港のフラッグシップのお店に来ていただいて、ショップスタッフの皆は、日本からトム宛にすごい偉い人が来たのだけれど、どうするみたいな、ざわざわみたいになっていました（笑）。そんなことがありました。

その後、僕は香港が長くなってしまったので、実際には、9年近くですかね、それで日本にそろそろ帰ろうかなというところで、転職活動したりしていたのですけれども、そこから今度はヨーロッパのグループですね、そこのグループの中にある、当時はジョイントベンチャーでやっているとても有名なブランドがラグジュアリーなジュエリーやウォッチを展開していて、そこの代表をやらないかということで、じゃあ日本に帰れるしいいかということで、日本に帰ったのですよね。そうしたら、何と数カ月後にそのブランドはなくなり、僕自身はその後、今度は、分かれた片方のジャパン社のほうに行って、時計とジュエリーの部門を再度、立ち上げてやっていたという感じですね。

そこで、やっていたことは、また一から Watches & Jewelry の部門を新たにつくって、立ち上げて、アジアにサービスセンターを作ったりとか、そういう細々としたことをやっていて、さらにアジア全体の売上も作っていくサポートをしたりという、もちろんすでにブランドやインフラはあったわけですが、ちょっと新規事業立ち上げ的な側面があり、非日常の連続で、けっこう毎日エンジョイしていたのです。そんな時に、たまたまこれもヘッドハンティングかな、GIAから日本の代表がいなくなるので、GIAに来ないかと言われて、もう一回ジュエリーのほうに戻ろうかなということで、GIAのほうに移りました。そんな感じのキャリアを歩んだという感じですね（資料14）。

ま、こんな感じで説明させてもらったとおりなのですけれども、さまざまなブランドのさまざまなポジションを経験しての、GIAということなのですけれども、一応、常に意

資料14　キャリア・ヒストリー

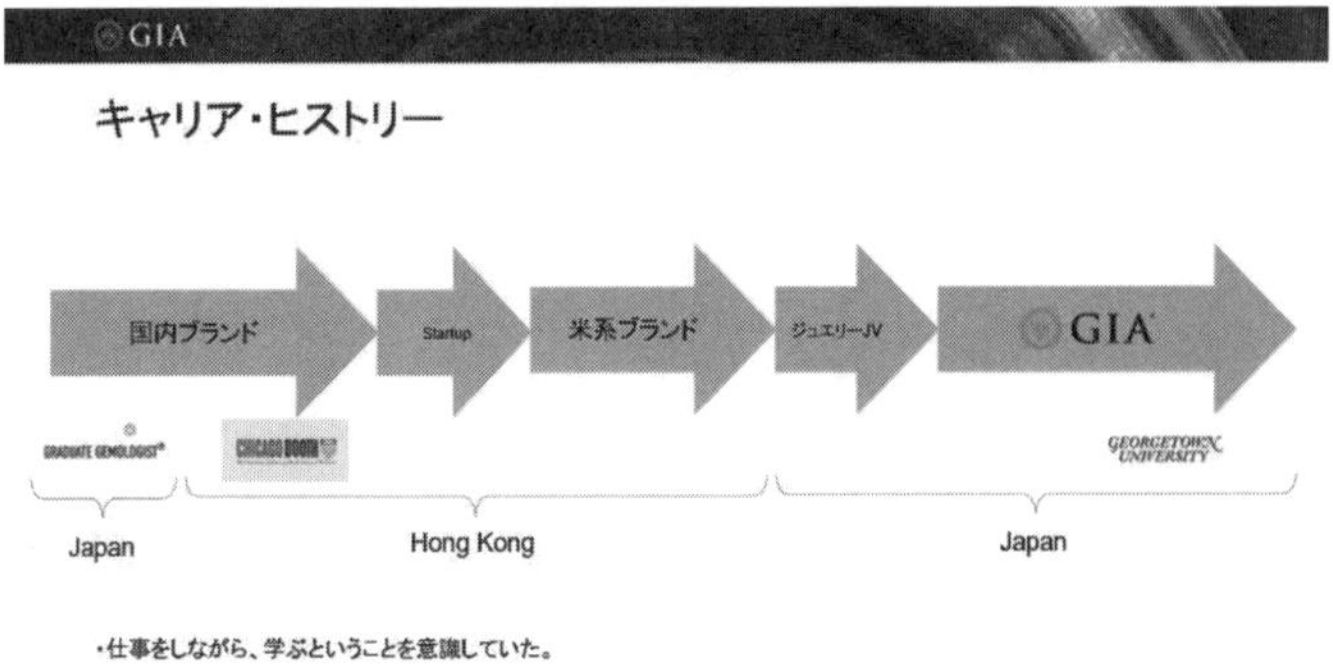

出所：GIA Tokyo提供

識していたというとあれなのですけれども、いつでも知識をアップデートする、学びを継続する、といったことは、仕事をしながらも意識していました。

最初の国内ブランド所属の時に、グラジュエート・ジェモロジストという宝石鑑定士の資格をＧＩＡから取得して、これがきっかけかどうかは実際はわからないですが、自分で信じているのは、それがきっかけで海外に行かせてもらったのですね。実はこのグラジュエートジョモロジストという資格は、当時、この会社ではこの資格を取ると資格奨励金をあげるよという資格だったのですね。それがすべてではないですが、それもあったので頑張ってみたというところはあります。ちなみに、結果的には掛かった金額のほうが全然高かったんですけれど、ま、それは置いといて…（笑）。

そして、その後、香港にいた時にシカゴ大学のＭＢＡに行ったのですけれども、当時シカゴ大学のＭＢＡ、正式にはエグゼクティブＭＢＡプログラムなのですけれど、シンガポールにキャンパスがあったのですね。シカゴのいいところは、ＥＭＢＡのプログラムもフルタイムと同じレベルのプログラムで、かつＭＢＡの学位が取れる、っていうところなんですね。ま、はっきりいってフルタイム並みに大変なので、仕事しながら行くのはけっこう大変ではあったのですけれど。

会社には、こういったプログラムに行くという前例はもちろんなかったわけなのですが、かなり心が広い会社で通うことを認めてもらえました。本当にいろいろな方からサポートしてもらえて、そういう意味では本当にありがたかったですね。あとは、ま、自費で通うということで、金銭的には、結構きつかったのですけれど、その辺のファイナンシングの部分は親に頼みこんで借りて、ま、これは両親に感謝ですよね（笑）。

ということで、学費もなんとかなりそうな目途がたったので、１カ月に１週間だけシンガポールに飛んで、授業を受けながら仕事をしたりして、あとの残りの期間は香港で仕事をして勉強して過ごすみたいなことをやって、2年間で卒業しました。その後、転勤で日本に戻ることになったのですが、やっぱりその頃、自分でやってみたいっていう気持ちと、あと海外で成功したいな、という気持ちが強くなってしまったので、結局会社は退職することにしました。

その後、確かに仕事をしながら学ぶのは重要だとかいっているのですけれども、シカゴ大学MBA以降はいろいろ忙しかったりもしたので、しばらくは特に何も学んでいなかったのですけれども、中国語だけは、学校行ったりしてちょこちょこ学んだりしたかな…。でも、やはり思い切り集中してやってなかったので、なかなかその辺は上達しないですね。

GIAは、今6年目になるのですが、去年、たっぷり3年間かけてジョージタウン大学のTechnology Managementというマスター（修士号）を取りました。GIAは、ラグジュアリーブランドもそうなのですけれども、今、ITとかAIとか、そういったトピックが非常にホットで、その辺のトピックをやはり今後、組織を経営していくうえで、必ず必要なスキルになってくるのかな、ということもあり、もう一回学び直そうというところで通いました。そんな感じですかね。

これも興味があるかわからないのですけれども、外資のラグジュアリーブランド、ラグジュアリーブランドに限らずですけれども、組織というものはだいたいこんな感じなのですよね。これは、かなりの想像も入ってしまっていますけれど。日本オフィスというのは本国で開発された商品を売るというところがメインになってくるので、もちろんMD、Managing Director みたいな人がいて、組織的にはHR、ファイナンス、セールス、マーチャンダイジング、PR・マーケティング、その下にもちろんデジタルマーケとか、いろいろな部門があります。日本オフィスは本国にレポートをしている場合もあるし、そんなに規模が大きくなかったら、アジアパシフィックの香港とかシンガポールのオフィスにレポートしているというケースもあります（資料15）。

多くの外資系企業では、デュアルレポートという感じで、上司が2人いるっていうケースもあるのかなと思います。

たとえば、HRのマネジャーは自分にレポートしているのですけれども、もう一個のレポーティングラインがあって、それは本国にHRのレポートをしているとか、あとファイナンスも本国にレポートしているのと、現地の自分にレポートしているというような、デュアルでやっている、といったようなケースもあります。だいたいどこでもこんな感じかなというふうに思います。

資料15　外資ラグジュアリーブランドの組織

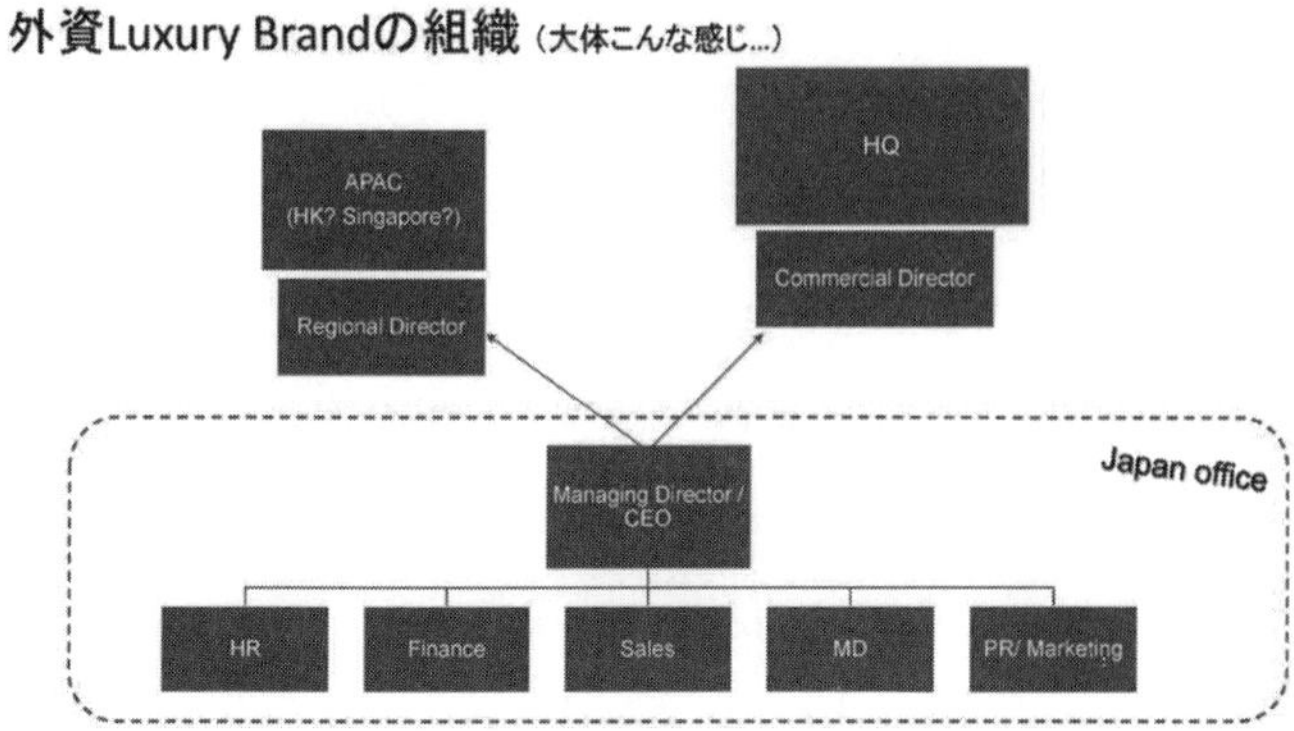

出所：GIA Tokyo 提供

ラグジュアリーブランドでキャリアを構築するために何が大切かみたいな話でいうと、大きな会社であれば、ＩＲはほとんど公開されているので、これを見るのが非常にいいのかなと思います。たとえば、ＬＶＭＨやリシュモンのＩＲを見てみますと、本当にきれいにマーケットのディストリビューションとか、グループの戦略とか全部載っけているのですよね。だから、日本がどんなぐらいの規模なのかとか、ま、日本だけで載せているところは、残念ながら規模が小さいのでないかもしれませんが、アジア市場全体がどうなのか？　あとは、どのカテゴリーの商品に今力を入れているとか、どのカテゴリーが非常に売れているとか、そういった情報も細かく仕入れることができます。

あとは、もちろんなのですけれども、実際のストア・ビジットですよね。お店に行って、そのブランドではどういう商品が展開されているかとか、あとは実際接客を受けてみて、店員の雰囲気とか、商品をどのぐらい説明できるのかというのを見てみても面白いですよね。僕もプライベートでも、別に買えはしないのですけれども、いろいろなお店に行ってみて、接客を受けてみたということはしています。

さらに、戦略を知るために業界のニュースを仕入れるというようなことも重要ですよね。今、どこのマーケットにフォーカスしていたりとか、どんなカテゴリーを伸ばそうとしているかというのは、もちろん今ネットでいろいろ調べられますし、面接とかそういったものをやるときも、こういった情報を知っているか知らないかで本当に変わってくると思いますので、そういった情報収集も重要ですよね（資料16）。

あとは最近リンクトインとか使われる方が多いと思うのですけれども、そこで大きく募集されている職種は一体何なのかというところで、そのスキルとマッチしていく。たとえば今、ブランドで非常に多いのは、やっぱりデジタル系の人材かなと思うのですよね。eコマースとかそういったところを伸ばそうとしているところが多いので、その辺の経験が

資料16　ラグジュアリーブランドの戦略を更に知る！

1．ラグジュアリーブランドが何を強化し、どこへ行こうとしているかを知る（IR を含む）
2．募集されている人材を常に見ながら、どんなスキルが必要か学ぶ
3．Industry ネットワーキング（オンライン＆オフライン）

出所：Forbes、IMD のサイトより

あると強いかなと思います。もちろん日本の拠点というのは本国で開発されたものを売るというところがメインの業務になってくるので、マーケティングとかそこは常に需要があるポジションなのかなと思います。

あとはインダストリー・ネットワーキングというのも非常に重要かなと思っていまして、自分の知り合いや元同僚がどこのブランドにいるのか、自分はだいたい知っていますし、ほかの国でもこの人がどのポジションにいるというのは、ネットワーキングをしておけばだいたいわかったりするのですよね。そのネットワークからほかの業界にいても、こっちに来ないかみたいな、軽い感じで紹介してもらったりとか、転職の際には、必ず誰かにリファレンスをもらったりしなければいけない場合が最近では多いので、このリファレンスがあると非常に有利になるので、そういったことも非常に効果的ですね。

これはラグジュアリーブランド・エグゼクティブのキャリアの例なのですけれども、だいたいこんな感じで歩んできたみたいなのを、いろいろな人のプロフィールを見て調べてみました。たとえば、最初は外資のアパレルブランドでセールスマネージャーをやっていた。そこから転職して、高級消費財のセールス・ディレクターになった。その後は外資系の違う商材のジェネラル・マネージャーになった。そこからまた外資のジュエリーブランドのセールス・ディレクターになった。プロフィールを見た感じ、この方は国内でのキャリアが中心なのですけれども、セールスというスキルを使っていろいろなところに行ったというような感じですよね（資料17）。

真ん中のBさんは、ITのカスタマー・リレーションシップ・マネジメントみたいなアナリストから広告代理店に行って、とあるブランドのディレクターになって、その後、ジュエリーブランドのeコマースのヘッドになったとか、こういったキャリアも、ほかの業界からも職種が一定して、スキルを積んでいれば行けるという感じですね。

資料17　ラグジュアリーブランドのエグゼクティブのプロフィール例

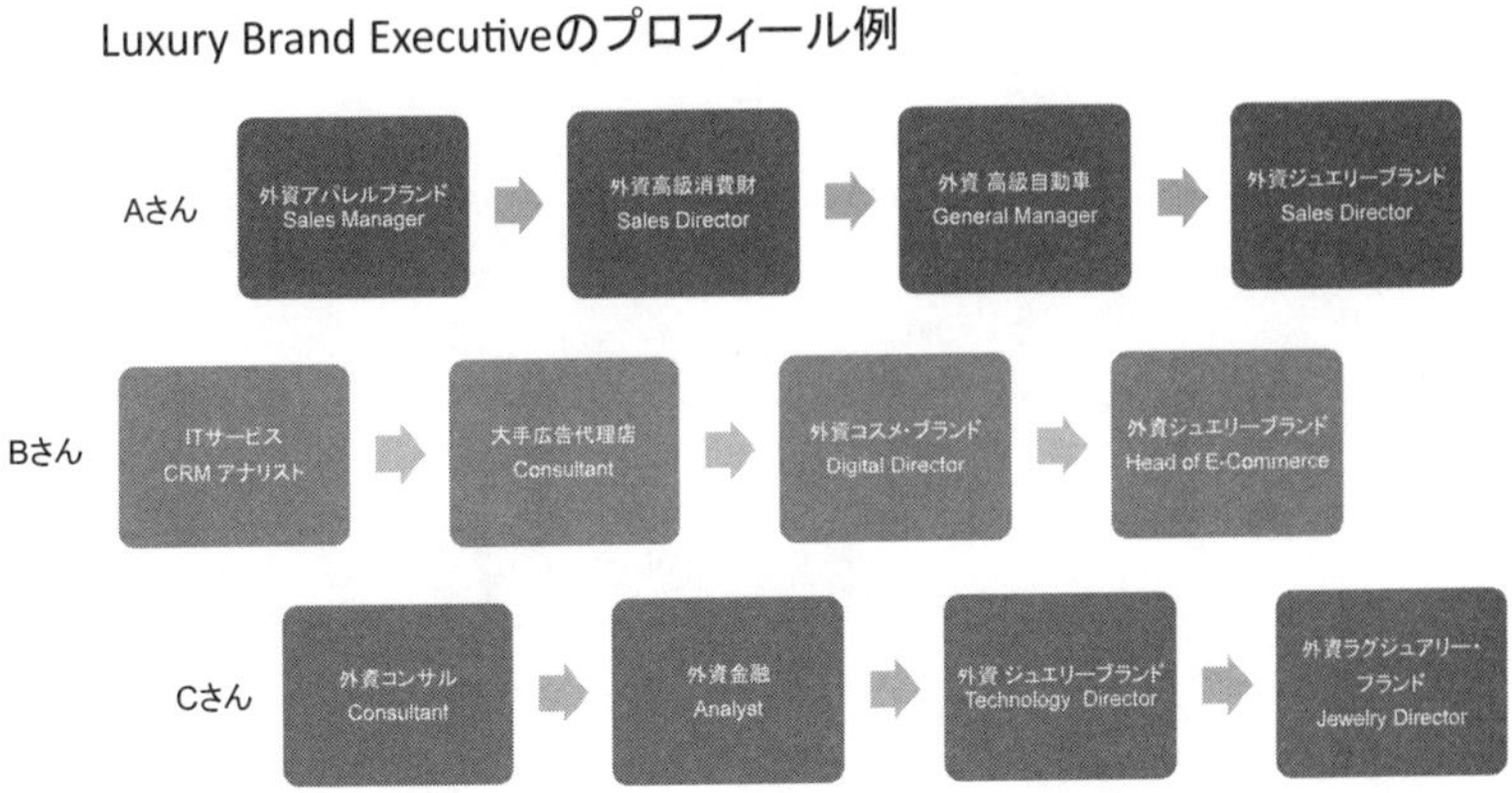

出所：GIA Tokyo 提供

最後のCさんは、コンサルにいて、アナリストになって、ま、全然違うフィールドにいたわけですが、その後ジュエリーブランドでテクノロジー・ディレクターみたいなポジションから、今はジュエリーブランドのジュエリーの責任者という方もいます。特にジュエリー・ディレクターになる前なんですけれども、ジュエリーのデザインとかのバックグラウンドがあるわけではなくて、コンサル、金融みたいな、そっちのスキルのほうを使って行ったという方もいるみたいです。こういった例もあるということで。ま、見てのとおり、自分次第で可能性はいくらでもあるということですね。

これまでなのですけれども、本日はあり

がとうございました。

【司会（長沢）】 どうもありがとうございました。（拍手）

質疑応答

【司会（長沢）】 それでは質疑応答をお願いします。

【質問者1（玉井）】 お話、ありがとうございました。長沢ゼミの玉井と申します。大きくキャリアと合成ダイヤモンドについてお伺いしたいと思います。

まずキャリアのところで、最初の国内ブランドに入られたというところの理由のところと、その後、辞めてスタートアップをされたと思うのですけれども、そのスタートアップってどういうことをされていていてというところをお伺いしたいです。

【高田】 キャリアの、なぜ最初のブランドかですね。実は僕はジュエリーとかにすごく興味があったというわけではなくて、日本の商品とか日本のブランドを海外に届けたいみたいな、そういうモチベーションで就職活動をやっていて、それでこの会社に出会ったという感じですね。それで働き始めたという感じです。人並みですよね、普通の。

スタートアップに関しては、真珠のアフォーダブルなブランドをアジアで展開すればいけるのではないかなと思って、真珠やいろんなアクセサリーのブランドをeコマースとか、ポップアップみたいなので展開していました。ちょっと短い期間ではあったのですけれども、そんな感じですね。結局、イグジットしちゃいました、その会社は。イグジットといっても、すごい額で買ってもらったというわけではなくて、知り合いに引き継いだというような形です。

【質問者1（玉井）】 ありがとうございます。もう一つが合成ダイヤモンドについて、アメリカでかなり合成ダイヤモンドの市場が、天然のダイヤモンドから奪っていることについての質問です。その理由というのは、まず思いつくのは価格があると思うのですけれども、結構聞くのはサステナビリティの観点で受け入れられているというところもあると思います。アメリカの市場で逆転しているところの理由というのは、ほかに何かあるのでしょうか。

【髙田】 やっぱり大きいところでは、これは聞いた話にはなってしまいますが、価格が圧倒的にいわれているところですね。一例でいうと、アメリカの宝石のショップに行くと両方並んでいるのですよね、天然と合成と。天然は1カラットいくらだよと言われて、合成はこの値段みたいな感じで、じゃあこっちを買うわと。大きいし、見た目は同じだし、ダイヤモンドなのでしょ。店員も、同じダイヤモンドだよみたいな感じで説明したりするのですね。確かにダイヤモンドという意味では間違ってはいないのですけれども、天然と合成は全く違うのですけれども、これはダイヤモンドみたいな説明をしてけっこう売れていくというのが多いですね。だから、私が聞くところによると価格の要素が非常に大きいですよね。

サステナビリティはいろんな視点があって、確かに言われている部分もあるかとは思うのですが、コンシューマーのレベルでは価格ではないかとの記事が多い印象です。

【質問者1（玉井）】 そういう意味だと、日本の市場も今後たぶん増えてくると思います。日本の消費者の方も価格で響く方が多そうかなという感覚なのですけれども、髙田さんからするといかがですか。

【髙田】 どうですかね。どう思いますか。実は合成ダイヤって、あまり最近の話ではなくて、僕がGIAに入ったすぐくらいのころからけっこう言われていて、5、6年ぐらいは言われていたんですよね。

どうなのでしょうね。今後、アメリカでこういったデータが公開されていたりとかするし、実際、世の中には非常に多くの合成ダイヤがあるので、エンドユーザーが気づき始めれば増えてきたりするのかな…。正直、自分はマーケットを予想する立場ではないので、なんともわからないというのが正直な感想です。

ただ、これは個人的な見解になってしまいますが、宝石でもいろいろな未来をたどっている宝石があって、たとえばルビー、サファイア、エメラルド、これらは全部合成のものがあるのですよね。でも、合成が天然に完全に置き換わっていない。真珠に関しては養殖真珠がほとんどのマーケット、これは100年前の話になるのですけれども、100年前は天然真珠がほとんどだったマーケットにミキモトが発明した養殖真珠が出てきて、今は世の中もほとんど9割以上が養殖真珠のマーケットになったのですね。こうやって天然・養殖、天然・合成みたいなので入れ替わったのって真珠だけなのですよね。だから、ダイヤモンドもどうなるのか何とも言えないところですね。

【質問者1（玉井）】　どうもありがとうございました。合成ダイヤモンドの最後の質問です。写真に機械が出ていたと思うのですけれども、あれって一台いくらぐらいするのかというのと、どういったメーカーが、海外のメーカーなのか、日本のメーカーなのか、ちょっとわからないのでお訊きします。

【高田】　2つ方法があって、緑色のほうは高温高圧の機械なのですけれども、これは結構高いと思います。僕もイメージがわかないのですけれども。

【質問者1（玉井）】　1億円とかですか。

【高田】　すいません、ちょっと調査不足で。もう一個のほう、炭素ガスを発生させて作るCVD法ですね。これは少し前は1億円とかっていわれていたのですけれども、今は安くなってきているということを聞いています。

【質問者1（玉井）】　日本のメーカーもあるのですか。

【高田】　あるみたいですね。でも、そんなにはないというふうには聞いています。合成のダイヤモンドってどうしても種が必要なのですよね。その種を作るメーカーは日本にもあるようです。

【質問者1（玉井）】　種というのは炭素でしょうか。

【高田】　シートみたいなのですけれども、それをCVDの機械に置いてガスを発生させて層を成長させていくという、その元になるあれですよね。そういったメーカーも日本にあったり。

【質問者1（玉井）】 わかりました。ありがとうございました。

【質問者2（福島）】 お話、ありがとうございます。福島と申します。先ほど、2000年から21年の間に国内のジュエリーブランドや国内での売上が大きく減って、海外のグローバルなグループなどとの差がついているというお話がありました。特にある特定の国内ブランドは特徴的なデザインのラインを展開されていたりして、伸びているのではないかなという印象があったので意外でした。そういった日本のブランドの売上が減少しているというのは、どういったところに理由があるとお考えでしょうか。

【髙田】 2000年から2021年の間ということですよね。理由は何でしょうね。もしかしたら、あまり日本のブランドが盛り上がっていなかったというところはあるかもしれないですね。

日本のブランドって、中国で100店舗を一気にとかって展開は絶対しないのですよね。一店舗一店舗すごく細かく、いい言い方をすれば大事に育てて作っていくというような姿勢ではあるので、どうしても成長には時間がかかるかなという感じはします。

【質問者2（福島）】 ありがとうございました。

【質問者3（和田）】 お話、ありがとうございました。和田と申します。同じスライドで質問があります。市場の動きの中で、日本のブランドと海外のブランドで売上がかなり差があるけれども、日本のブランドは認知はされているというお話でした。それはなぜなのかというところと、たとえば若者には認知されていないけれども、高齢の方には認知されているとか、そういった年齢間での認知の差というのと、あと日本が取った認知への戦略みたいなのがあれば教えていただければと思います。

【高田】　マーケットごとでの、認知度というすごくおおざっぱな感じの表現をしちゃったのですけれども、ジュエリーの市場でいうとアメリカが圧倒的に大きくて、その次が中国なのですよね。僕は認知度でいうと、アメリカとか中国みたいな視点になるのですけれども、たとえば、日本のブランドでもアメリカですごく長く展開しているブランドもあるんですよね。お店、店舗にしても、非常にいいロケーションにあったりとか、認知度を上げるためのブランディング戦略とか、マーケティング、ＰＲみたいなところはすごく力を入れてやっていたりと、あとある商材に特化したカテゴリーですよね。ジュエリーを選ぶときに、ダイヤを買おうか、ルビーを買おうか、真珠を買おうかといったときに、このアイテムならそのブランド！　といった形で真っ先に思い浮かぶというところで、ラグジュアリーブランドの一つとしてすごく高い認知があるというところですね。

あと、アメリカはどうなのでしょうね。こういった日本のブランドがどういう層に受けているのだろうというのは難しいですね。僕もブランドを離れてだいぶ経つのであれですけれども、逆に中国なんかでいうと、今ちょっと落ち着いてきましたけれども、ここ2、3年真珠がものすごい人気があって、価格も高騰していたのですね。そういうのもあって、真珠といえば高品質なものは日本の業者が取り扱っているというようなイメージもだいぶ認知されているので、そういった意味合いで、日本のリーディングジュエラーは非常に知名度が高いですね。みんな真珠といえば、日本のブランドをだいたい知っているというような感じではないでしょうか。

【質問者3（和田）】 日本のブランドの中で一番早くアメリカの市場に入ったから認知をされているみたいな、そういったところもあるのでしょうか。

【高田】 どうなんだろう。そもそもジュエリーっていう商品はマスの層が買うという商品ではないのですよね。たとえばアメリカなんかでいうと、それこそ3億人以上いるのでしたっけ、アメリカの人口。それがジュエリーのカテゴリーやブランドって全員が知っているというわけではなくて、ある一部の層の中で有名というところかなと思います。確かに長く行ったからなのかな。それも一つの要素だとは思うのですけれども、ある一定のターゲット層で認知があるというところですね。

【質問者3（和田）】 ありがとうございました。

【司会（長沢）】 日本のブランドの話が出たので、日本のジュエリー業界、品質はいいのだけれども商売が下手だなとか、あるいは個別に、たとえばほかのウチハラとかナガホリとか、いいとか悪いとか、コメントをいただければ。

【高田】 どこも日本らしくすばらしい商品を作っている部分もあると思うので、そこらへんは自信を持って、思い切りやってもいいのかなというふうには個人的に思いますよね。これは、ジュエリー業界に限らずかもしれないのですけれども、海外のブランド、外資系ブランドって結構M&Aを積極的にして、グループとしての力をためていくというか。日本のブランドだと、ブランドとか商品とかをあまりにも大切にする代わりに、ビジネスのほうでは少し遅れを取っちゃうというようなケースがあったりするので、もうちょっとグローバルに積極的にM&Aをしたりとか、失敗しても積極的に市場に出てお店をつくってみるとか、そういった姿勢がもしかしたらあったほうがいいかもしれないですね。

【司会（長沢）】 ナガホリの社外取締役を務めておりまして、長堀慶太社長は「タサキは

10年前、ナガホリと同じような規模だったのに、10年間、田島社長でずいぶん差がついちゃった」と言っていました。「10年前は同じぐらいのタサキができたのだから、ナガホリもできるのではないか」とも。

私は、先ほど言及されたように、経営の調子が悪くなって、ファンドに買われて、創業家から離れて、ファンドが雇った田島社長が思い切ったことをやったからだと見ています。したがって、なかなかナガホリの長堀社長という創業家がやるというのは難しいのではないかと言っておりますが、その辺はどのように見ていらっしゃいますか。

【髙田】 そうですね。いかがですか？ 成長に対する意欲みたいなのが。

【司会（長沢）】 「タサキが10年かけてできたのだから、ナガホリでもできるはずだ！」と意識はあるのだけれども、具体的にどうしようかという感じですね。もっと思い切ったこと、イコール要するに投資ですよね。それがなかなか決断できないようですね。

【髙田】 日本のブランドというと、海外のお客さんは品質、日本のブランドってだけですでに得をしているところはあると思うのですよね。日本の名前がつくだけで、品質はいいとか、安心できるみたいなところはもうすでにあるので、それをきっちり使って新しい市場というか、そういうところに思い切って出ていくという、投資するというところは必要かもしれないですよね。

【質問者4（丹下）】　今日はありがとうございます。丹下と申します。2つ質問がありま す。1つ目がリセールバリューの質問で、先ほど中国では最近は金が売れるようになって きたというお話がありました。たとえば、ダイヤモンドで天然と合成によってリセールバ リューの違いってあるのかという質問です。金は今も値段が上がっていっていると思うの ですけれども、そういう資産性みたいなところを消費者は選んでいるのかなというところ もあって、その違いがダイヤモンドにも生ずるのかという質問です。

あともう一つは、宝石ごと、さっきのミキモトさんだと真珠がコアなブランドだと思う のですけれども、たとえばミキモトさんがダイヤモンドに行くとか、あるいはリシュモン がすごく売れていると思うのですけれども、リシュモンさんはどちらかというとダイヤモ ンドが強い。宝石の中でも。宝石ごとの強み弱みみたいなものって、各ブランドさんにあ るのかというのをお聞きしたいです。

【髙田】　まずダイヤモンドですよね。リセールバリュー。そもそも、天然と合成とは、 小売の時点で大きな価格差があるので、その辺を考えても、買い取り価格は変わってしま いますね。

中国のマーケットで聞いている話は、実はダイヤモンドがすごいスローダウンしているのですけれども、こういった天然・合成、将来性みたいなところで、今後どうなるのかわからないので、もちろん投資対象として今まですごく人気があったのですね。天然ダイヤモンド。ただ、それが今後どうなるのかわからないから、天然ダイヤでさえも価格がちょっと下がってきているというような状況があります。

それがダイヤモンドの状況で、あとはブランドですよね。各ブランドの強みでいうと、それぞれありますけれども、もしかしたら長沢先生が非常に詳しいところかと思うのですけれども、確かに真珠とかに特化している、たとえばエンゲージに特化している、たとえば欧米のジュエラーではダイヤモンドのジュエリーが強いみたいなブランドもありますよね。あとは、日本のグローバルジュエリーブランドでいうと、圧倒的に真珠が強いというようなところですよね。そのほかグループで強いジュエリーブランドなんかは、確かにハイジュエリーのラインナップはあるのですけれども、世の中によく見られているのはデザインがアイコニックな、デザイン・ジュエリーみたいなところが多いですよね。

昔、勤務していたブランドでは、その時その時の戦略がいろいろあったりして、総合的なジュエラーを目指すのだみたいな時も確かにあったりはしました。それでいろいろな商品を展開していて、次の社長になった時にやっぱりある特定の商材にフォーカスしようってなって、あまりいろんな商材を手掛けないブランドにまた戻ったりとか。今はもしかしたらさまざまなジュエリーをやろうとしているのか、そういったところで経営者が変わるごとにいろいろな変化はありますよね。

ただ、今はダイヤモンドのマーケットが厳しい状況ではあるので、この前、ジュネーブジュエリーショーがあったのですけれども、ダイヤの大手ブランドの創業者が最近はダイヤモンドには手を出したくないと。カラーストーンの時代だと。だから、あるようで、ジュエラーというところで、カテゴリーはもしかしたら自分たちだけでつくっているのかもしれないですよね。

【司会（長沢）】 ミキモトがダイヤにも力を入れていったけれどもうまくいかなかったので、社長が代わったら真珠に原点回帰したのか。あるいはダイヤは調子はよかったのだけれども、うまくいったのだけれども、選択と集中で途中で方針が方向転換しちゃったのか。どちらだったのでしょうか。

【高田】 うまくいっていなかったという感じではないのかなと思います。エンゲージメーントリングのラインでは、ダイヤモンド中心だと思うのですけれども、やはりブランドとして高い評価を得ていたのではないでしょうか。だから、どうなのでしょう。大切なお客さまのために、いろいろな商品を展開するのではなくて、お客さま一人一人を大切にできるような品質にこだわったブランドにしていこうみたいなところもあったのかもしれませんね。

【司会（長沢）】 反対にティファニーが真珠に力を入れようとして、2000年代前半にミキモトにかなわず、撤退したのはその逆バージョンでしょうか。

【髙田】 そうですね。実際の詳細はわからないですが、報道等によるとティファニーはどちらかというと、当時、ニューヨークで株式を公開していましたし、成長ストーリーというのを常に描かないとシェアホルダーに説明できないというのはあったと思うので、真珠のブランドはアメリカでイリデッセというブランドをつくって、20店舗ぐらい展開していたのですけれども、結局撤退したという過去はありましたね。

【司会（長沢）】 2011年、ブルガリがLVMHに買収されて驚きましたが、その後コロナを挟んでティファニーもLVMHに買収されました。その辺は業界の人としてはどう見ているのか。やっぱり驚いたのか、当然なのか、好ましいことなのか、よろしくないことか。

【髙田】　どうなのでしょうね。僕はＧＩＡの立場でいうと、イーブンでなければいけないのですよね。何ともコメントしがたいのですけれども。

わからないですけれども、やっぱりいろんなブランド、ま、これはこの業界だけではなくてすべてのリテール業界なんかを見ていて、出店戦略みたいなことをやるときに、単体のブランドってどうしてもアドバンテージが弱かったりする部分があったりしますね。ま、これは規模の経済で考えればある程度、理解できるところではあるんですが、たとえば、ショッピングモールとか、銀座みたいなラグジュアリーブランドが出店したいと考える最適な場所も含めてですけれども、いいところにお店を出したい、ブランドをアピールしたいとか、あとは最近はあまりないですけれども、雑誌のいいところに広告を出したいというときに、どうしてもグループの規模に負けちゃうというようなことはあるのですね。これはもちろん日本でもそうですけれども、過去にみたことある光景としては、アジアなんか特に香港の一番ラグジュアリーだといわれていたショッピングモール内で、強いブランドがここは良いなと思ったらモールに要求して、売れてなかったり規模が小さかったりするブランドは、どんどん移転させられるのですね。おまえはここだ、おまえはここだと。その代わり、後からこのブランドが入るのだ、こっちはこのブランドが入るのだというようなことをされてしまうのですね。

だから、ブランドや資本力をどう見るかということなのですけれども、ビジネスで見たときには、やっぱり大きいグループは経済的概念からは正しいと思いますし。悲しさみたいなのはちょっとありますけれどね。ただ、これはラグジュアリーブランドだけの話ではなくて、資本市場の中でビジネスをやる場合、競合もいるわけなので、どんな業界にもあてはまる話なのかもしれないですね。

【司会（長沢）】 資本は些細な問題ではない、大問題なのですね。

【髙田】 そうですね。

【司会（長沢）】 だから、ラグジュアリーコングロマリットに吸収されるトレンドが続くわけですね。

【髙田】 あとは素材調達なんかの面でも、やっぱりグループで大きく、金（メタル）素材を買うにしても、ダイヤを買うにしても、規模の面でバイイングパワーが全然変わってくるので。品質もいいものは大きく買えるところに限定していくので、そういったところでも優位性みたいなところは難しくなっちゃったりしますね、小さいところだと。ま、すべてがそうだとは言いませんが、一般的にはそうですね。

【司会（長沢）】　さっき出たショパールは、ショイフレ家のファミリービジネスですよね。逆に、ファミリービジネスでまだ残っているのは多いのでしょうか。

【髙田】　ちょこちょこあると言いますよね。ただ、メジャーどころというと、最近だとグループに入りがちですよね。比較的、新しいところも含めてだと思うのですが。

【司会（長沢）】　ブチェラッティはナガホリが扱っていたのに、中国のガンタイ・グループ（Gangtai Group：剛泰控股［集団］股份有限公司）に買収された後にリシュモンに買収されました。リシュモンが経営を引き継ぐ時に、リシュモングループがタフネゴシエーターですごい厳しかったって、長堀社長が言っていましたね。

【髙田】　日本の会社も外国のブランドを買ったりとか、そういったことで成長していくのもいいと思うのですけれどね。今、円安ですけれどね。

【質問者5（立古）】　立古と申します。本日はありがとうございました。ルビーとかサファイアは天然が合成に置き換わっていないというお話がありました。一方で、真珠は天然から養殖に置き換わっているというふうにおっしゃったのですけれども、天然の価値ってそもそも何なのかという質問です。ダイヤモンドは置き換わっていくのかいかないのかの予測、先生としてどう思われるのかという質問と、ダイヤモンド自体のほかの石と比べた特別性みたいなものは何かという、その3つについてお伺いしたいと思います。

【高田】 たとえばルビーなんかでいうと、天然ルビーと合成ルビーというと、すごい大きな価値の違いがあるのですね。合成ルビー、最近そのスタディをやったのですけれども、たとえばウェブのお店で1カラット400円とかで買えたりするのですよ。しかも色的にはきれいで、もちろんルビーなのですよね。天然でも合成でも全く。今、ルビーでいうと、だいぶ前に合成で作るという技術は作られていますし、本当に価値が全然違うのですね。

天然でいうと、ルビーの天然って、たとえば産地みたいなところに価値を見いだすというところは多いですね。ビルマ産のピジョンブラッドルビーみたいな形だと、何千万とか何百万とか値段が付いたりとか、エンドユーザーもこの産地のものとか、実際に物は同じでも、産地みたいなところとか、生い立ちみたいなところに価値を見いだすというケースはあったりしますね。

【質問者5（立古）】 質問としては3つで、天然の価値というのは何だろうかということと、2つ目はダイヤモンドはどっちに行きそうか。天然のほうが生き残るのか、それともラボグロウン（合成）のほうが価値が出ないかと想像されるのか。3つ目は改めて。

【高田】 どうですかね。どう思いますか。僕も聞きたいのですよね。天然ダイヤ、今、たとえばなのですけれども。

【質問者5（立古）】　そのヒントとして、ルビー・サファイアは天然が合成に置き換わらなかったというのと、真珠は置き換わったというのと2つあるわけです。どっちにダイヤモンドは似ているのだろうかというのを思ったのですね。真珠のほうは天然でも養殖でも本当にうりふたつで、全く見分けがつかないというのだったら安くて、養殖のほうがいいのではないかというふうに考えられるかもしれないし、ルビー・サファイアに関しては天然のほうが圧倒的に美しいとか、そういったものがあるのであれば。ダイヤモンドに関しては、ほとんど見分けがつかないというのなら、真珠と同じ生い立ちをたどるのではないかというような予想が立つかもしれないですよね。

【髙田】　その論理みたいな話でいうと、もちろん物としては、真珠というカテゴリーでは天然も養殖も同じ真珠なのですね。真珠というのは炭酸カルシウムの層が異物に巻いたもの、これは真珠のちょっと大ざっぱな定義になるのですけれども、天然真珠も養殖真珠もでき方は一緒なのですけれども、養殖真珠はマスプロダクションみたいなところで、決まった期間で出来上がっていくのですね。たとえば、アコヤの天然真珠で完璧に近いくらいラウンドのものも確かにあるかとは思うのですが、丸くてっていうものはなかなかない。あと、鑑別は可能かというご質問でしたね。

合成ダイヤ、天然ダイヤの違いは、ダイヤというのは原石が採掘されて、それがカットされて商品になるのですけれども、商品の物がなかなか人間がぱっと見ただけでは見分けがつかないのです。天然も合成も。

あとその他の大きな違いは、ダイヤは産地の判明というのが、化学的な物質を研究して産地を見いだすことは現状ではできないのですよ。カラーストーンでルビーとかサファイアになると、産地のオピニオンを出すことができるのですね。だから、産地は特定することができないのです、ダイヤに関しては。サプライチェーンを追えばできるかもしれないのですけれども、逆に、サプライチェーンを追うことでしかできないので、そういった意味では、もしかしたらどこに価値を見いだすかというところですよね。

【質問者6（于）】　于と申します。自分の質問は、宝石鑑定で認知度が非常に高いＧＩＡさんが合成のダイヤモンドに鑑定書を与えることは、もちろん消費者たちの信頼感とか、購買意欲とかをそれにより向上させる一方で、ＧＩＡさん自分自身のブランド価値の希薄化、それにより、消費者たちの認知混乱を引き起こすのではないか。特に、さっき言った天然ダイヤモンドと合成の場合、初心者とか知識の浅い消費者たちにとっては、鑑定書が付いている限り、２つの違いがとてもわかりにくいのですよね。そうしたら、自分自身のブランド価値の希薄化と消費者の認知混乱の適切なリスク管理、たとえば消費者教育の強化や透明度とかの確保など、お話しできる範囲でお願いしたいと思います。

【髙田】 実は天然ダイヤと合成ダイヤを混ぜちゃうとか結構あって、ＧＩＡの鑑定書でいうと、天然ダイヤのものと合成ダイヤのものって両方あるのですね。天然ダイヤのものは紙で発行しているのですけれども、合成ダイヤのものは紙で発行していないのです。オンラインのものだけなのですね。そういった違いがあるので、実際にオフィシャルな紙で発行している鑑別書となると天然ダイヤしかない。鑑別書が付いていなくて、たとえばＧＩＡにこれはダイヤモンドなので鑑別してくださいって言われたときに、もしもそれが合成ダイヤだとすると、合成ダイヤの刻印を入れるのです。ガードル、ダイヤモンドの横のところに合成という刻印を入れるのですよ。そこで実際、合成ダイヤだとしたら、刻印が絶対入っているというところと、オフィシャルな紙の鑑定書は存在しないみたいなところの差別化みたいなのはやっているのですね。

その辺はやっているのですけれども、ただ、おっしゃるとおり、そこの教育とかをもっと認知度を上げていかないと、質屋さんで知識のない人がいたら、これは天然ダイヤだと思って、合成ダイヤを何百万で買っちゃったというケースがあったりするので、そこはやっていかなければいけないですよね。

【司会（長沢）】 高田代表、合成ダイヤはどうなるのでしょうね。逆に聞きたいぐらいだという話だったけれども、GIAがそもそも合成ダイヤは鑑定しない、鑑別書を出さないといえば、案外それで決まってしまうかもしれないですね。

【高田】 そうですね。ただ、残念ながら合成ダイヤは非常に多く出回っていて、鑑別はしないといけないというのが現状です。

【司会（長沢）】 ゼミ合宿でゼミ生と香港のジュエリーショーに行ったのですね。2月の末に。そうしたら、GIAの鑑定書付きって商品に書いてあるのはばか高いもの。鑑定書が付くから高いのか、もともと高そうなのを鑑定書を付けるからもっと高くなるのか、それはどっちですかね。

【高田】 今、ダイヤモンドに関していうと、変な話、たとえば自分でダイヤの品質を見られる人間でも、鑑定書が付いていないと、値段が付きにくいというのはあるかなと思います。難しいですよね。それぐらいダイヤモンドの中では、GIAの鑑定書みたいなのは世界中にすごく広がっているので、それをベースにGIAのグレードはいくらみたいなところが決まっているところがあるので、そういう感じの市場にはなりつつありますよね、今。

【司会（長沢）】 ちなみに下世話ですが、高いダイヤや宝石の鑑定書は割高で、安いのは割安なのか。あるいは何パーセントという率で一定なのか、あるいは定額方式なのかって、それはどうなのですかね。

【髙田】 ＧＩＡは定額方式ではなくて、たとえば50カラットになると、それに応じてすごく上がっちゃうという感じですね。たとえば1カラットが1万円で、すごく細かく分かれていて、50カラットだと15万円とか、サイズが上がってくると価格も上がってくるという形になっています。

【司会（長沢）】 サイズが大きくなると、割安になるのか、割高になるのか。

【髙田】 パーセンテージ的にいうと、その鑑定書の価格のパーセンテージというのはもしかしたら低くなってくるかもしれないのですけれども、実際の紙の価格でいうと非常に高い額になりますね。これはサイズに応じてという感じですね。

【司会（長沢）】 「ラグジュアリー戦略で〝夢〟を売る」シンポジウムのパネルディスカッションもご参加いただいて、実はビデオとかＤＶＤ、この授業で受講生に観せていたのですね。そこでも髙田さんに、「そうですね、〝夢〟を売る、それに尽きますね」なんて、やらせのようにおっしゃっていただいたのですが（笑）。やっぱり物よりは〝夢〟だとか、それでも品質だとか、どうなのですかね。

【髙田】 ジュエリーって本当にいろんな会社があって、いろんなブランドがあると思うのですよね。本当に会社にいる人なり、ジュエリーブランドのトップに立つ人間がそのジュエリーに対してのブランドの方向性をしっかり持って、夢を持つではないのですけれども、その方向性をしっかりエンドユーザーに伝えていくというところがすごく重要なのかなと思いますね。

うまくいっていないところというのはジュエリーに対してとかブランドに対しての思いがあまりなくて、ただビジネスをやっているという感じだとうまくいかないですし、そういうブランド、こういうデザインだ、こういうパッションだみたいなところをしっかり持って売っていくみたいなのが絶対必要なのではないかなというふうに思います。それが品質なり、こだわりを持つというのがどうしても必要なのかなと思いますね。

【司会（長沢）】 とてもいいお話を聞きました。具体的にラグジュアリー業界のキャリアを築くためのヒントというよりはもっと直接のアドバイスも頂戴して、業界を目指す人には特に参考になったのではないかと思います。

では、感謝を込めて盛大な拍手をお願いします。高田代表、どうもありがとうございました。（拍手）

4

日本のジュエリー産業とナガホリの戦略

――オーガニック・ラグジュアリージュエリー「NADIA」を中心に

講　師：株式会社ナガホリ　代表取締役社長　長堀慶太
科目名：感性産業&ブランディング論（第15回）
日　時：2022年7月23日（土）10時40分～12時10分
会　場：早稲田大学11号館9階905号演習室
司　会：WBS教授　長沢伸也

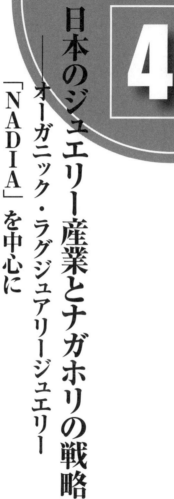

●会社概要●

株式会社 ナガホリ
(英語社名：NAGAHORI CORPORATION)

代表取締役社長　長堀慶太（2008年６月26日就任）

設　　立：1962（昭和37）年６月営業開始

株式上場：東証スタンダード市場（証券コード：8139）
※1988年　東証２部上場

資 本 金：53億2,396万円

年　　商：単体：105億1,800万円
連結：218億2,046万円（2024年３月期）

従業員数：単体：305名　連結：484名（2024年３月末現在）

事業内容：宝石・真珠・貴金属製品の輸出入、製造加工、国内・国外販売

所 在 地：
〒110-8546　東京都台東区上野１丁目15番３号
TEL：03-3832-8266（代表）

〔講演者略歴〕
長堀 慶太（ながほり けいた）
株式会社 ナガホリ 代表取締役社長
1963年生まれ。87年に成城大学経済学部を卒業し、同年、株式会社協和銀行（現、株式会社りそな銀行）入行。93年ナガホリ入社。
95年取締役社長室長、98年常務取締役商品本部、
2008年代表取締役社長、現在に至る。2023年より一般社団法人日本ジュエリー協会会長を兼務。

資料1　長堀慶太ナガホリ代表取締役社長

出所：㈱ナガホリ提供

【司会（長沢）】 今日は、株式会社ナガホリ　代表取締役社長　長堀慶太様をお迎えしております。私がナガホリの社外取締役を務めているご縁でお呼びいたしました。

それでは長堀社長、よろしくお願いいたします。（拍手）

【長堀】 皆さん、おはようございます。今ご紹介をいただきました、株式会社ナガホリの社長の長堀と申します（資料1）。

長沢先生とのご関係とかもお話しします？

【司会（長沢）】 では、お願いします。

【長堀】 私と長沢先生は、本当に偶然なのですけれども、長沢先生の著書を私がかねてより読んでおりました。最近、202

1年にコロナ禍で出勤もままならない状態でしたので、本でも読もうということになりました。当社の社員に早稲田のOBがいるのですけれども、彼と私が読んだ本が長沢先生の著書でして、『カルティエ 最強のブランド創造経営』という本だったのです。

非常に感銘を受けまして、早稲田の後輩だから先生に手紙を書いてみたらということで、お手紙を書いて、去年の暮れに無謀にも2人でこちらの建物の先生の研究室に伺ったというような経緯がございました。そして、先生が研究しているブランディングの中身というか、エキスをぜひわれわれの企業に教え込んでもらえないでしょうかというようなお願いをいたしましたところ、ご快諾をいただいて、晴れて6月の株主総会で社外取締役にご就任をいただいたと、そのような経緯でございます。そういったこともございまして、今日、私が先生の授業でお話をさせていただくということでございます。

今日はジュエリー全般とわれわれナガホリのことについてお話をしたいと思います。

項目が多いのですけれども、まず最初にジュエリーの歴史と定義ということをお話しして、そのあと、ジュエリーの価値、ジュエリー産業の現状。時事ネタとして、ウクライナ情勢との関連ということをお話しさせていただきたいと思います。それが一通り終わりましたら、ナガホリについてお話しさせていただく、こういったような流れです。

皆さん、いろんな業種から来られていると思うので、ジュエリーに関係がある方ない方、たぶんほとんど関係ない皆さんではないかという仮定の下、お話しさせていただきます。

ジュエリーの歴史と定義

まず、ジュエリーの歴史と定義ということで、われわれジュエリー業界で仕事をしている者が会社に入って新入社員研修で学ぶことなのですけれども、ここにあるとおり、ジュエリーは人類文明誕生のころから存在したかということなのですが、存在したのですね。ここにあるとおり、存在していました。ですから、われわれがよく言うのは、ジュエリー産業はビジネスとしてはもっとも古くから存在したビジネスの一つなのですよ、とお話しします（資料2）。

これは遺跡などから証明されていまして、こちらにあるとおり、旧石器時代、中石器時代、1万年ぐらい前の遺跡から出土されるもの、あるいは古代文明、エジプト文明やチグリス・ユーフラテス川の今のイラク地域でのメソポタミア文明、それと黄河文明などの遺

資料2　ジュエリーの歴史と定義

①ジュエリーは人類文明誕生の頃から存在した？

・旧石器時代～中石器時代　1万年前
・古代文明　エジプト（BC3000年）、メソポタミア文明（BC3000）、黄河（BC1600）などの遺跡から権力者や宗教関係者のための装身具が発見される。粘土、石、動物の骨などでできた首飾りが多いが、一部金や銀、宝石を使用したものも出土している。
・ヨーロッパ中世の王侯貴族の王冠、首飾り、指輪などの装飾品、宝飾品が現在に至っている。

②ジュエリーの定義

・装飾品（Ornament）⇒アクセサリー（Accessory）
⇒宝飾品／ジュエリー（Jewellery）
・ジュエリーとは金銀プラチナに天然の宝石素材を使用したものと定義付けられている。（一般社団法人日本ジェリー協会の定義）

古墳時代の勾玉

出所：㈱ナガホリ提供

跡から、主に権力者や宗教関係者のための装身具が発見されておりまして、日本でも国立博物館とかでは昔の古墳から出土されたものが現存しております。

当時は粘土や石や動物の骨などでできた首飾りが多いのですけれども、一部、金や銀や宝石を使用したものも出土しております。当然ギリシャ時代ですとかローマ時代のものもあって、王侯貴族から庶民に至るまで、実はジュエリーと呼べるものは脈々と現代まで続いていると理解をされております。

一般的に皆さんがイメージするちょっとゴージャスなものというのは、どちらかというとヨーロッパ中世以降の王侯貴族の王冠ですとか首飾り、指輪などの装飾品、宝飾品が、今のフランスとかイタリアのブランドのジュエリーの祖先というようなご理解でよろしいかと思います。

ちなみにここの写真に写っているオタマジャクシみたいなのは、佐賀県の古墳から出土した勾玉《まがたま》（曲玉とも表記）といわれるものなのですけれども、これはヒスイだったり、メノウだったり、日本で取れる宝石で、研磨して、削って、こういう形にしたんだと思いますが、装飾品として日常的に使用していたと推定されています。

その次にジュエリーの定義ですが、ジュエリーとは何かというと、これは平たくいってしまうと、国によって少しずつ解釈の違いが変わってくるのですが、日本においては一般社団法人日本ジュエリー協会（長堀慶太会長）という800社弱の会員企業が入会している団体があるのですが、そこでの定義は、「金銀プラチナに天然の宝石を使用したもの」としております。たとえば今だと、真鍮やプラスチックとか、そういったものを使った装飾品もあるのですけれども、それはアクセサリーの部類でして、われわれがジュエリーという、日本語でいうと宝飾品とは別のカテゴリーのアイテムとして定義付けられております。

ジュエリーの価値とは？

次にジュエリーの価値とは何かということについてお話しします（資料3）。

よくマーケティングやブランディングの世界では、物には一般的に機能価値と使用価値があるといわれておりますが、ジュエリーには時計のように時を計るという機能はなく、また、スマホのように通話をするとか調べるという機能もありません。したがいまして、機能価値というのは今のところはないといわれています。

これは余談ですけれども、もしかしたらスマートジュエリーというのができて、たとえばペンダントのトップに個人情報が入っていて、それをピッとやると何か情報が出るとか、あるいは認知症のお年寄りがどこへ行ったかわかるようにGPS機能を付けるとか、そういったことを研究している会社もあるので、将来的には機能価値が生まれるかもしれないのですけれども、今のところの一般的な理解では機能価値はないといわれております。

では、どんな価値があるかというと、ここにありますとおり、使用価値、所有価値、素材価値、情緒的価値と分類をしております。使用価値というのは読んで字のごとくなので

資料3　ジュエリーの価値とは？

① 使用価値
身に着けて楽しむ満足。ファッション的な楽しみ。
② 所有価値
持つことによる満足。
③ 素材価値
財産の保全、資産価値とも言う。金やダイヤモンドの資産性。
④ 情緒的価値
記念や思い出の価値。婚約指輪、結婚指輪、スイートテンダイヤモンド。

出所：㈱ナガホリ提供

すけれども、身に着けて楽しむ、着飾るときのファッション的な楽しみとして使用するものであります。2番目の所有価値というのは、持つことによる満足。この満足というのは非常に個人差があって、たとえばダイヤモンド、1カラットのダイヤモンドを例にとると、われわれ業界人にとっては、1カラットだと「普通」の販売のための宝石という感じなのですけれども、一般の方とかは「これはすごい資産価値があるな」って喜ぶ人もいると思うのですね。ですから、所有することによる満足。

次の素材価値というのは、ここに「財産の保全、資産価値とも言う」と書いてありますけれど、最近では全体的に物の価格が上がっていて、金や希少性の高いダイヤモンドは価格が上昇しています。そういった側面から考えますと、昔、安いころに金を買った人は今売ると差益がでる可能性があります。また、ダイヤモンドに関しては、相場動向により価格が左右され、かつ資産性がある場合とない場合がありますが、差益がでる場合もあります。金などの貴金属やダイヤモンドは換金性が高いのと、他の消費財と比較すると換金率も高いことが素材価値の特徴といえます。

もともとジュエリーって、若干横道に逸れますけれども、小さいではないですか。小さいものなので、戦争の歴史の中で、一般の人たちが換金性の高いものをポケットなどに入れて持って逃げたりとかするときに、とても便利なのですね。ダイヤモンドは特にそうで、『シンドラーのリスト』という第二次世界大戦時のホロコーストを扱った映画がありましたよね。映画の中でダイヤモンドをユダヤ人に渡して、それを持って逃げなさいというシーンがありました。どこかほかのところに行き換金すれば、ゼロではないですよね。何がしかの対価を受け取ることができます。このようにジュエリーには相応の価値があるので、非常にコンパクトな資産として歴史上使われていたというような事実がございます。

4番目が情緒的価値。これが実はわれわれ業界人にとっては一番重要なのですけれども、「記念や思い出、ダイヤモンド婚約指輪、スイートテン」と書いてありますけれども、彼女にプレゼントする、あるいは結婚する時にはダイヤモンド婚約指輪を贈ったり、結婚指輪を二人で選んで購入したりとかしますよね。２０１１年の東日本大震災。このときはすごく「絆《きずな》」という言葉を耳にしたかと思います。そして絆需要という言葉が生まれたのですけれども、この頃はものすごくジュエリーが売れました。それは、恋人同士あるいは夫婦関係でも、同じデザインの指輪を買ってペアでしていようとか、男性から女性に記念になるペンダントを贈ろうとかといって、人と人の絆を大事にしようという意味でものすごくジュエリーが売れた期間が1年間ぐらい続いたのです。また現在でも二十歳になった娘に親から真珠のネックレスを贈るとか、結婚記念日にジュエリーを贈るとかの習慣は今でもあります。ですからジュエリーにとっては、このような情緒的価値というのが非常に大事であると私自身は思っています。

ジュエリーの価値については、いろいろな解釈の仕方はあるとは思いますが、われわれの業界では、今申し上げた1番から4番がジュエリーの価値と考えております。

日本のジュエリー産業の現状

次に、マクロ的なお話なのですけれども、日本のジュエリー産業についてお話しします（資料4、講演時のデータを更新）。

日本のジュエリー産業の市場規模というのは、こちらのグラフにあるとおり、バブル経済期の1991年にピークを迎えました。このときは3兆円超えました。当時、日経平均が1989年に3万8915円をつけ、この2年前なのですけれども、ジュエリー業界の統計は同じような動きがあり、私がよくお話しするのが、ジュエリー産業というのは景気が後退するときの先行指標で、景気が回復するときの遅行指標と呼んでいるのですけれども、1989年に日経平均が最高値を付けたその2年後にピークを迎えているということで、これである程度説明づけすることができると考えていまして、景気後退のときはいち早く悪くなります。

残念ながら、こちらにあるとおり、ずっと右肩下がり。コロナ前の2019年は9851億円だったのですけれども、2020年コロナ真っ最中のころは8195億円というこ

資料4　日本のジュエリー産業の現状：
国内ジュエリー小売市場規模推移

（金額単位：億円）

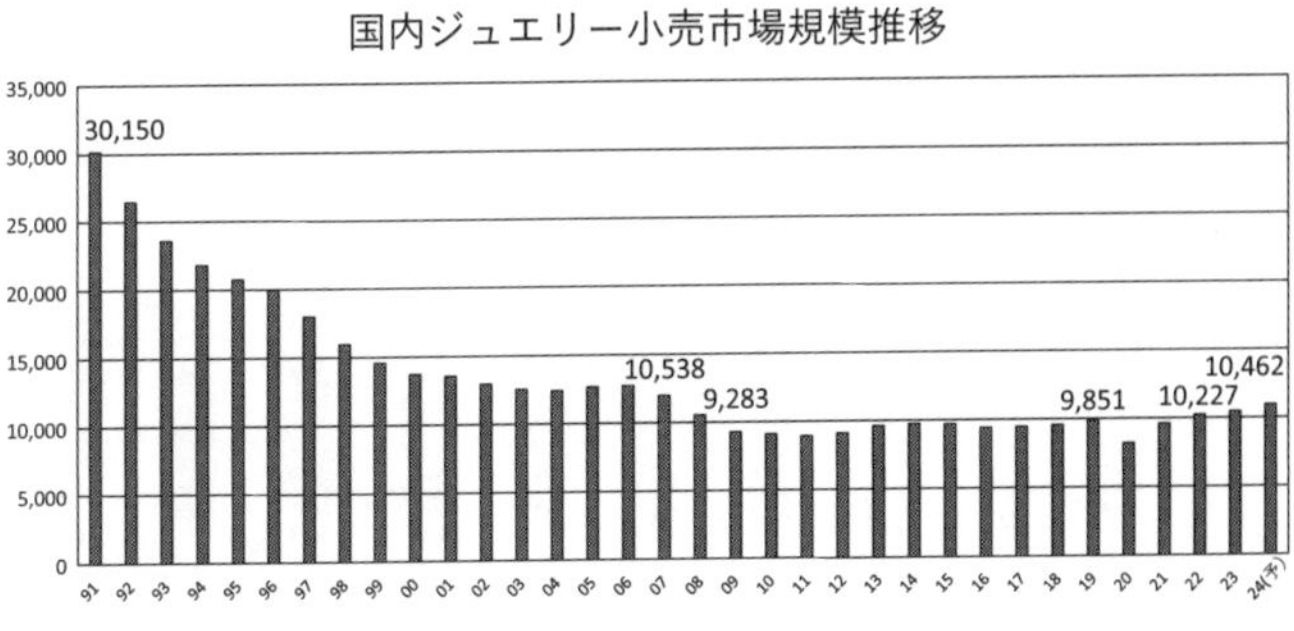

出所：矢野経済研究所

とで、ついに９０００億円割れをしてしまいました。ただ、去年は少し緩和されたので、また９６２４億円と久しぶりに市場が拡大しましたが、おそらく２０２２年は、今の第７波の状況にもよるのですけれども、さらにリベンジ消費や行動制限の解除によって、われわれ業界内では久しぶりの１兆円超えになるのではないかと予想しております（講演当時。２０２２年１兆２２７億円、２０２３年１兆４６２億円）。

次に、小売市場の販売チャネル別の表なのですが、これは２０１５年から２０２１年までのそんなに長い期間ではないのですけれども、百貨店、専門店、チェーン店、単独店というのがあるのですが、チェーン

資料５　日本のジュエリー産業の現状：
小売市場規模推移　販売チャネル別

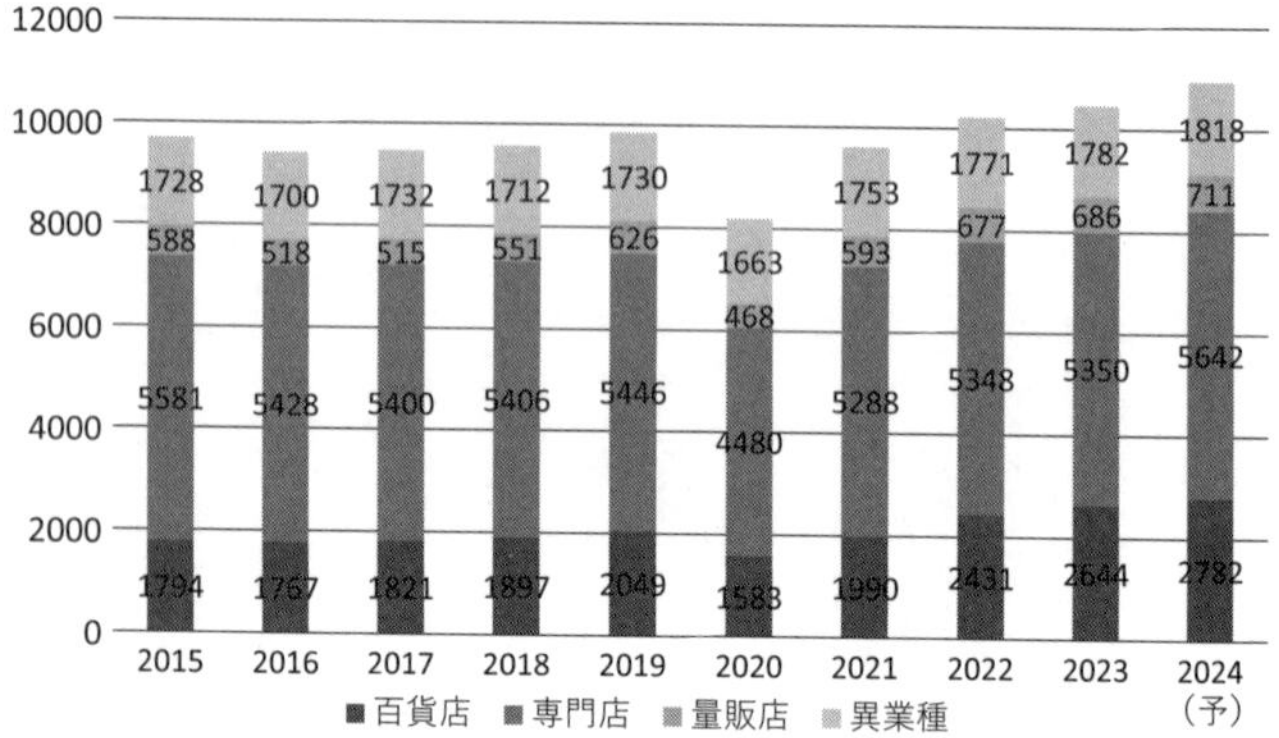

出所：矢野経済研究所

店というのは、皆さん、時々行かれるかもしれませんが、地方のほうでいうとイオンモールとかイトーヨーカドーの中に入っている宝石店。あるいはこの辺でいうと、パルコやルミネなどの商業施設に入っている宝石店のことです。専門店というのは、だいたい時計宝石眼鏡店というのが独立店として町の商店街などにありますが、それを指します。百貨店というのはそのまま。異業種というのは本業がジュエリーではない企業のことです（資料５、講演時のデータを更新）。

こうやってみると、市場の大半は専門店が担っていて、百貨店もすごくシェアとしては高いです。市場の構成としては、この期間でいうとそんなに大きな変化はないように見えると思います。おそらく今後は、eコマースでの販売も徐々に増加するといわれております。

コロナ禍のころはECが急激に伸びたのですけれども、今年に入ってリアルで実際お店に行って買うという行動が増えたとのことで、今ECは少し数字が悪くなっているという話を聞きますので、その辺はやっぱり人間の行動って面白いなというか、わかりやすいなというところですよね。以上のお話、消費者はどこでジュエリーを購買するかというのを表したものです。

ちなみに、今現在、日本の宝石の小売店は1万5000店舗あるといわれていまして、うち8000店舗が専門店です。残りがアパレルや着物など、ほかの商品を売っている中でジュエリーを売っています。ビームスとかユナイテッドアローズにもありますよね。そういったところであります。

次は、ジュエリー輸出額の推移ということで、グラフは近年のジュエリー輸出額の推移を表しています（資料6、講演時のデータを更新）。

われわれの業界にとって最大の輸出アイテムは真珠です。ミキモトの創業者の御木本幸吉さんが開発した養殖真珠を海外に輸出するというのが、今に至るまで輸出アイテムの主

資料6　日本のジュエリー産業の現状：ジュエリー輸出額推移

（金額単位：億円）

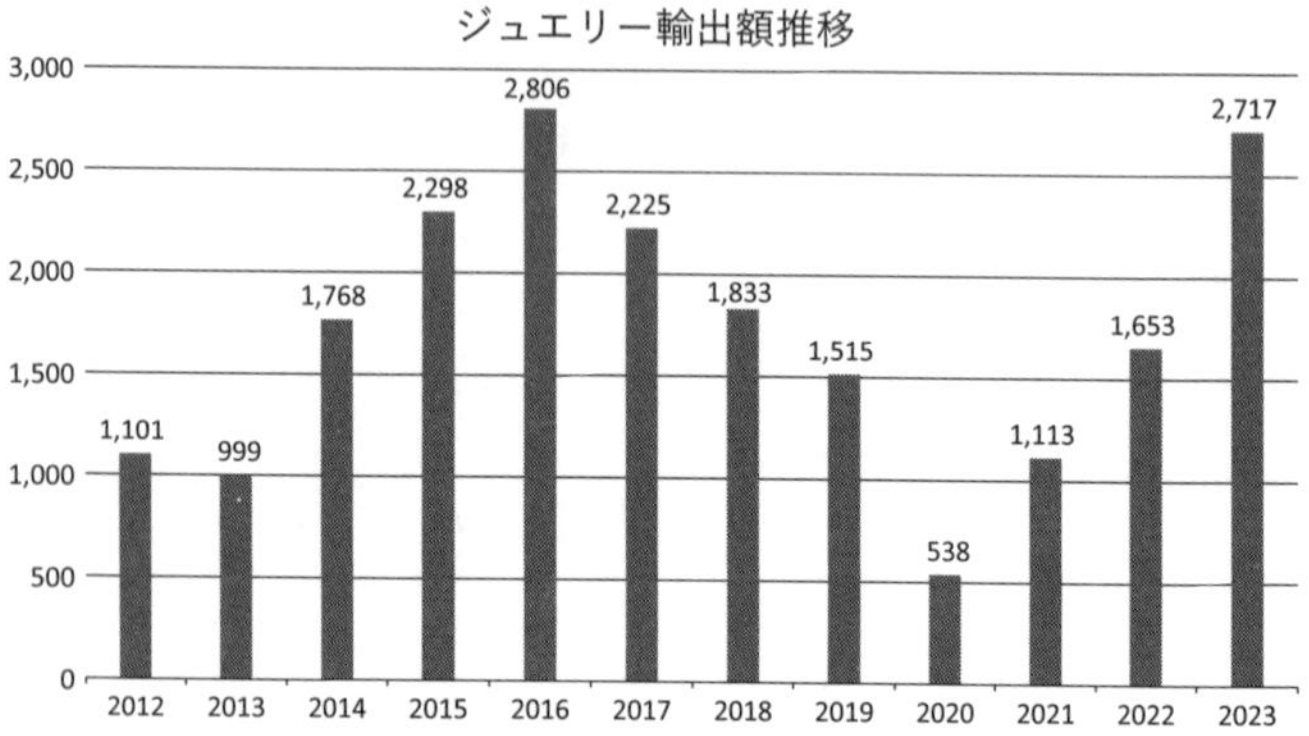

出所：日本ジュエリー協会「JJA2023 ジュエリー小売市場動向調査」

流を占めております。インバウンドの数字も入ってはいると思うのですが、基本的には真珠がこの中の8割ぐらいのシェアを占めているのではないかと。特に昭和30年代40年代というのは、日本が外貨を稼ぐ輸出産品というのがそんなになかったですよね。ですから、そのころはかなり積極的に欧米に真珠を輸出して外貨を稼いだ。あまり皆さんに知られていないのですけれども、国策産業的なところがあって、今も水産庁が管轄なのですね。そういった名残が残っているということです。

今後を見据えると、逆の考え方でいうと、真珠ばかり輸出しているので、関税等の問題はあるのでしょうけれども、メイドインジャパンのジュエリーが世界に打って出るというチャンスは十分あるのではないかなと考えております。伸びしろはあるだろうということでございます。

主要原材料の現状とウクライナ情勢

マクロ的なお話は終了して、主要原材料の現状とウクライナ情勢ということでいくつかお話しします。まずは金です（資料7、講演時のデータを更新）。

金はこちらにあるとおり、ロシアの金の生産量は世界2位なのですね。金はわりといろいろな国で産出をされています。アメリカでもありますし、南米の国でも産出されているので、そんなにウクライナでの戦争が金の価格に急速に反映されるかというと、そうではなくて、一般的に有事の金といわれていて、戦争が起こると金が跳ね上がるのですけれども、それの影響が大きいですが、今はまだ相場への影響は大きいとは断言はできません。あとは為替が円安に振れると通常はドルベースでビジネスは行っていますから、1トロイオンス当たり、1トロイオンスというのはだいたい31グラムぐらいなのですけれども、1

資料7　主要原材料の現状とウクライナ情勢：
ロシアの金の生産量は世界第2位（2023年）

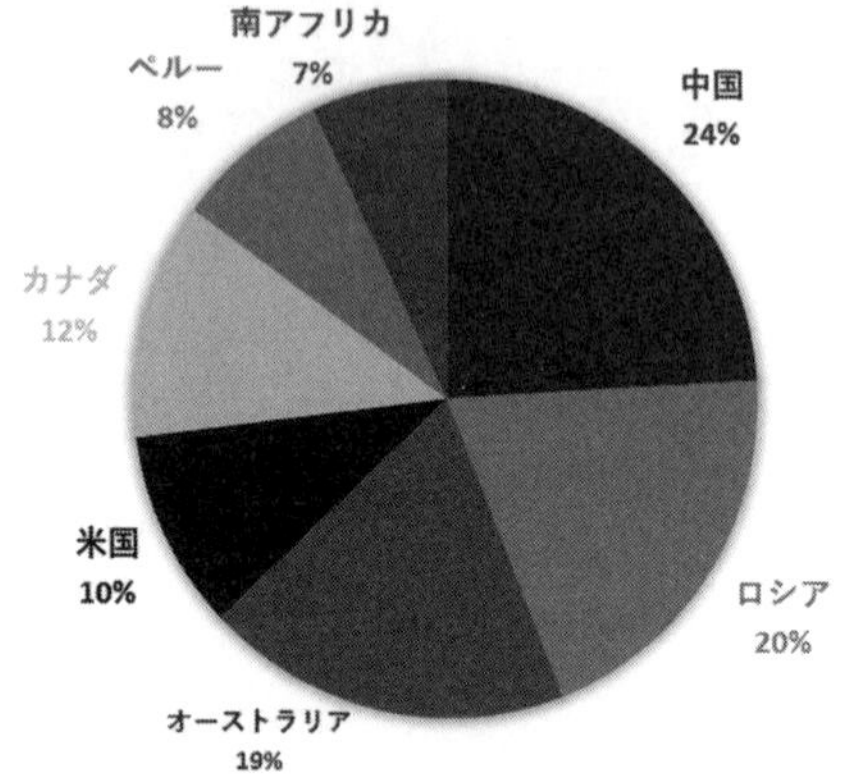

出所：外務省「金産出上位7か国シェア（2023年）」の数値より作成

トロイオンス当たり１５００ドル、１６０ドルっていっていたのが、円安に振れる分、日本での価格は高くなります。当たり前のことなのですけれども、そういった状況で金相場が最近では高値で推移しているということです。

ただ、今、日本の政府はロシアからの金の輸入は禁止しておりますし、ロンドンに本部がある、いわゆるフェアトレードを推奨している国際的な機関もロシア産の金は輸入してはなりませんよということを言っているので、戦争が長期化すれば影響は出てくるかもしれないです。

次に、プラチナとパラジウム。ロシアでのプラチナの算出量は世界2位、パラジウムは世界1位なのですけれども、プラチナは大半が南アフリカ産なので、そんなに影響はないと思います。これはディーゼル車の触媒に使われますが、宝飾用というのはそんなになくて、大半は触媒用です。ですけれど、日本はプラチナがジュエリーの素材として非常に人気のある国なのです。婚約指輪とか結婚指輪で使用する素材はほとんどがプラチナですから、戦争が長期化すると影響が出る可能性もあるかもしれません。ロシア産のプラチナにせよ、パラジウムにせよ、やはりこれも今のところは禁輸措置が取られているので、これが長引くとじわじわと影響が出てくると考えております（資料8、講演時のデータを更新）。

ダイヤモンドは、ロシア産は生産額では世界で2位です。シェアは26%。ロシアによるウクライナ侵攻後に問題になりつつあって、ロシア産のダイヤモンド、鉱山から採れた原石の状態、石ころみたいな形の状態は、今まではベルギー、インド、イスラエル、中国などに原石の状態で輸出され、そこで研磨されてから世界各国に流通をしていたのですけれども、今それがウクライナ戦争により、G7各国では経済制裁の一環で輸入禁止になり、実際に現在も輸入しているのはインドと中国なのです。ロシア産のダイヤモンドの原石は小さいものが多く、メレーダイヤモンドとわれわれは呼んでいるのですけれども、小粒の

資料8　主要原材料の現状とウクライナ情勢：
プラチナ国別供給量（2023年）

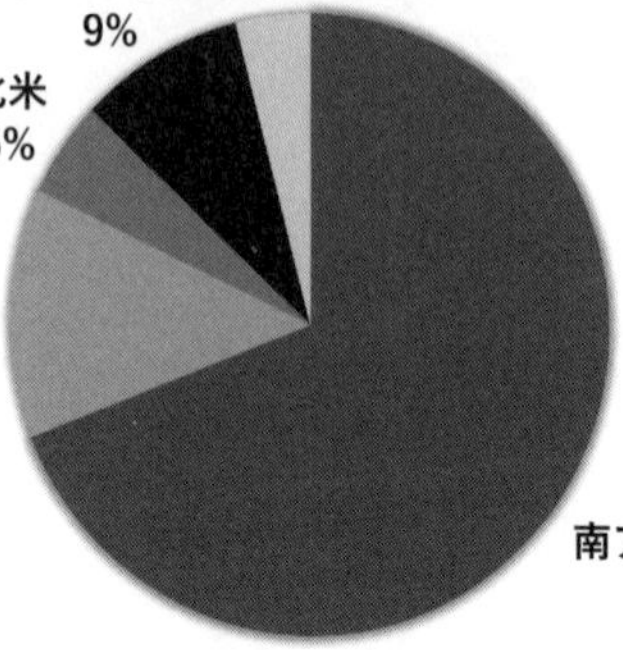

出所：矢野経済研究所

ダイヤモンドは、今後需要と供給のバランスが崩れてくる可能性があるかもしれません（資料9、講演時のデータを更新）。

実際、原石のロシアからの輸入禁止をしていないインドや中国に送られて、それが世界に流通していることは推測できますが、残念ながら今の仕組みではそこまでトレースはできないのですね。ですから、ここはモラルではないですけれど、各国、各企業の自主的な判断によって、ロシア産のものは使わないというような自主性も求められると思います。われわれも、大手の百貨店のバイヤーの方から「ナガホリさんが使っている商品やブランドにロシア産のダイヤモンドは入ってない？」という問い合

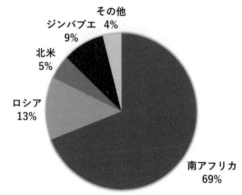

資料9　主要原材料の現状とウクライナ情勢：ダイヤモンドは生産額世界第2位（2023年）

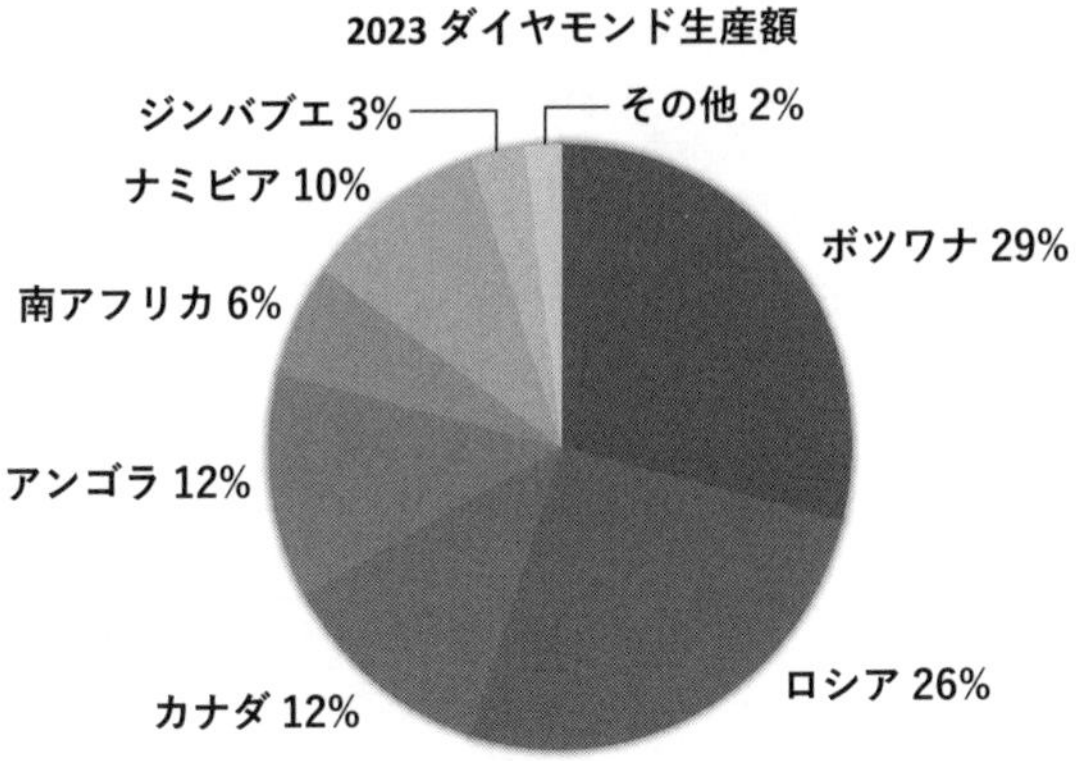

出所：日本ジュエリー協会、2023年

わせが、やはりウクライナ侵攻後、複数ありました。ただ、当社はもともとロシア産は扱ってなかったので、そういう意味では問題は起こりませんでしたけれども、ロシア産ダイヤモンドを多く使用しているブランドもあると思いますので、そういうところはちょっと困っているのかもしれません。

以上で業界全体のお話を終わって、次にナガホリについてお話をします。

ナガホリについて

こちらに会社概要、お手元に会社案内をお配りしているので、そこにあるとおりなのですけれども（本章210頁掲載〔会社概要〕参照）、設立は1962年6月、今年（講演時の2022年）ちょうど60年です。社長は私で二代目です。株式は東証スタンダード市場、以前の言い方でいうと東証2部でございます。資本金と年商はここにあるとおりです。恥ずかしながら、2022年3月期というのはコロナの影響を受けて200億円を切ってしまったのですけれども、社長としては絶えず200億円以上は売上高を上げたいと思っていますが、コロナ禍による店舗の休業の直撃を受けて、ほとんど売上を計上できない月もあり、このような結果となっています（2024年3月期：218億円）。

当社の事業構造としては、ジュエリーの材料であるダイヤモンドやルビー、サファイアなど素材を海外から輸入をして、それらを福島県相馬市と千葉県茂原市にある工場で完成品にして、完成した製品を取引先に卸販売しています。いわゆるメーカー機能と卸機能を持っている会社です。この後、説明しますけれども、小売事業も展開しているので、業界

資料10　ナガホリについて　①沿革

1962年06月	長堀真珠株式会社設立
1972年04月	長堀貿易株式会社に商号変更
1973年09月	アントワープダイヤモンド取引所正会員として許可を受ける
1974年05月	ソマ株式会社設立
1976年09月	イスラエルダイヤモンド取引所正会員として許可を受ける
1982年10月	株式会社ナガホリに商号変更
1983年02月	社団法人日本証券業協会（東京地区協会）へ株式店頭登録
1983年02月	ジャスコ株式会社（現イオン㈱）と合弁で株式会社ニコロポーロ設立
1988年12月	東京証券取引所 第2部に上場
1990年03月	生産事業部新設
2001年10月	「ピンキー&ダイアン」他ライセンスブランドを取得
2003年08月	イタリアのジュエリーブランド「スカヴィア」販売開始
2007年11月	「スイートテン・ダイヤモンド」商標権を取得
2009年05月	株式会社ニコロポーロ 株式を100%所有、子会社化
2012年05月	長堀（香港）有限公司設立
2013年01月	エスジェイジュエリー株式会社 株式を100%所有、子会社化
2022年04月	東京証券取引所 新市場区分 スタンダード市場に移行

出所：㈱ナガホリ提供

の川上から川下までを垂直統合的に幅広く事業を行っている会社でございます。

当社の沿革については項目がたくさんありますが、ポイントでお話しします（資料10）。1973年9月にアントワープダイヤモンド取引所の正会員、そののち1976年にイスラエル、首都のテルアビブなのですけれども、ここでも日本初の正会員になりました。資本政策においては、1983年に当時の店頭登録、ジャスダックに株式を公開して、これもジュエリー業界では初でございました。そして、1988年に東証2部指定替えとなりました。

ジュエリー業界ではさまざまな面でパイオニア的というか、先頭を突っ走っている会社というような自負はあります。その分、反撃も大きいのですけれどもね。

◆ナガホリのビジネスモデル

次は、われわれのビジネスモデルについてです。ジュエリーの流通構造およびバリューチェーン上のナガホリの位置づけは資料のとおりです（資料11）。

一番左側の商品の段階、業務内容というのは、当社に限らず一般にジュエリーの会社は、このような流れで指輪やペンダントなどのジュエリーを製作しています。川上の原材料・素材は海外から輸入します。たとえばアコヤ真珠の場合は、三重県や愛媛県などの入札会で仕入したのちに、デザインを考えて、工場で商品化し、販売促進策を検討し、川中、川下の取引先に販売し、流通させていくというイメージです。

当社は全体のジュエリーの流通構造の中でどういう位置づけかというと、製造直販会社としてのナガホリであったり、輸入代理店としてのナガホリであったりといろんな顔を持っています。ただ、メインは真ん中のところでして、ここがコアのビジネスですね。たとえばダイヤモンドだったら、インドやベルギーやイスラエルから輸入して、それを工場で製品化して全国の小売店、百貨店を通してエンドユーザーにお届けするというような形。

資料11　ナガホリについて　②ナガホリのビジネスモデル

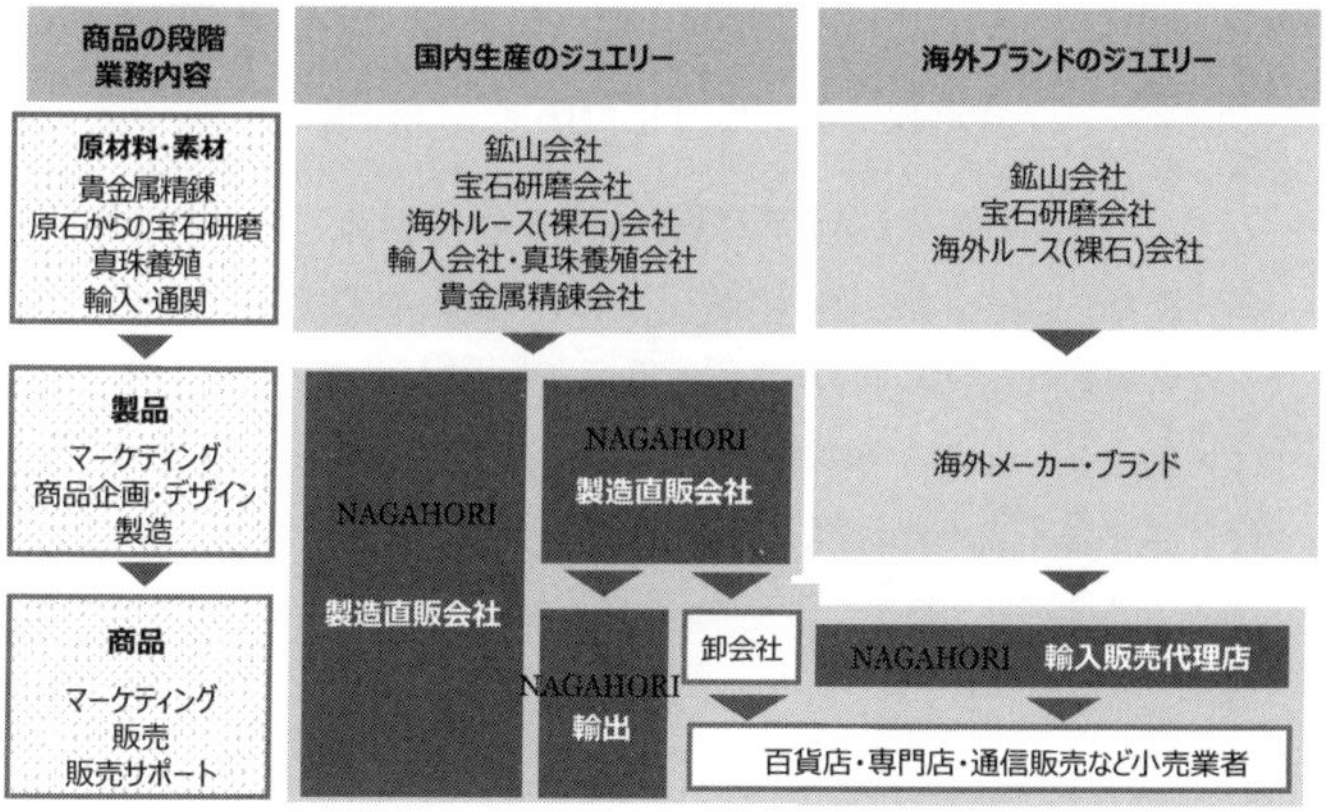

出所：㈱ナガホリ提供

ルビーとかサファイアみたいなものですと、タイとか、今はアフリカ産も結構あるのですけれども、そういった国から輸入をして、同じような工程を経て、消費者の皆さんにお届けをするというような流れです。

これ以外にOEM（相手先ブランド製造）といいまして、小売の価格帯が数万円から10万円台を中心に、低価格帯から中価格帯の商品を相手先ブランドの名前で当社が製造して販売をしているという事業もやっております。このようにさまざまな事業を行っており、ナガホリでやっていないことというと、鉱山で採掘すること、石を研磨すること、真珠の養殖をすること、それ以外はすべてやっていますといえると思

資料12　ナガホリについて　③特徴

- かつては業界の**「黒子的存在」**であった（2000年くらいまで）
- 素材の調達や製造といったジュエリー産業の**「川上」**から最終消費者への販売**「川下」**までを事業領域としている。
- 卸売り、直営店での販売、ECによる販売、海外への輸出など販売チャネル、販売形態が多岐にわたる**「トータルマーケッター」**である。

出所：㈱ナガホリ提供

います（資料12）。

まとめますと、かつては業界の黒子的存在であるといっていたのですけれども、今は素材の調達や製造といったジュエリー産業の「川上」から、最終消費者への販売「川下」までを事業領域にしています。ＯＥＭ、卸売、直営店での販売、ＥＣによる販売、海外への輸出、販売チャネル、販売形態は多岐にわたる「トータルマーケッター」であると自認しております。ですから、今現在は長沢先生の教えと反する部分がけっこうあるのですけれども、ジュエリーについては、ありとあらゆることを事業として行っているのがジュエリー会社ナガホリの今の姿だと思います。

ナガホリの経営戦略

次に、ナガホリの経営戦略について説明をします。先ほど説明しましたように、当社は60年の歴史の中でジュエリーを専門としながらもさまざまな事業を展開してきましたが、近年においての基本的な経営戦略の考え方は、販売チャネル政策と商品政策を軸に進めていまして、私はよく、ここに「販売チャネル政策と商品政策は車の両輪である」と書いていますけれども、社内の会議ではこのようなことをしばしばコメントします（資料13）。

それは当社の営業面においての歴史的な展開の中で、わりと全方位的に販路開拓を推進してきた結果、現在のような構成になったということであります。それぞれの販売チャネルというのは、顧客層や要望される商品が異なるために販売チャネルごとに少しずつ商品を変えていく必要があります。そのため、的確な商品政策を立案して、適時商品投入を行うことが経営戦略上の肝みたいなところになっておりまして、このグラフは近年のわれわれの販売チャネル別の売上構成比なのですけれども、やはり百貨店が全体の半分近くを占めて、その次がＯＥＭです。百貨店に行くと1階にアクセサリー・ジュエリー売場があり、

資料13　ナガホリの経営戦略について：販売チャネル政策

販売チャネル政策と商品政策は車の両輪である。

◆販売チャネル政策

OEM	19%
卸売	18%
百貨店	46%
直営小売事業	13%
海外	4%
EC	0%

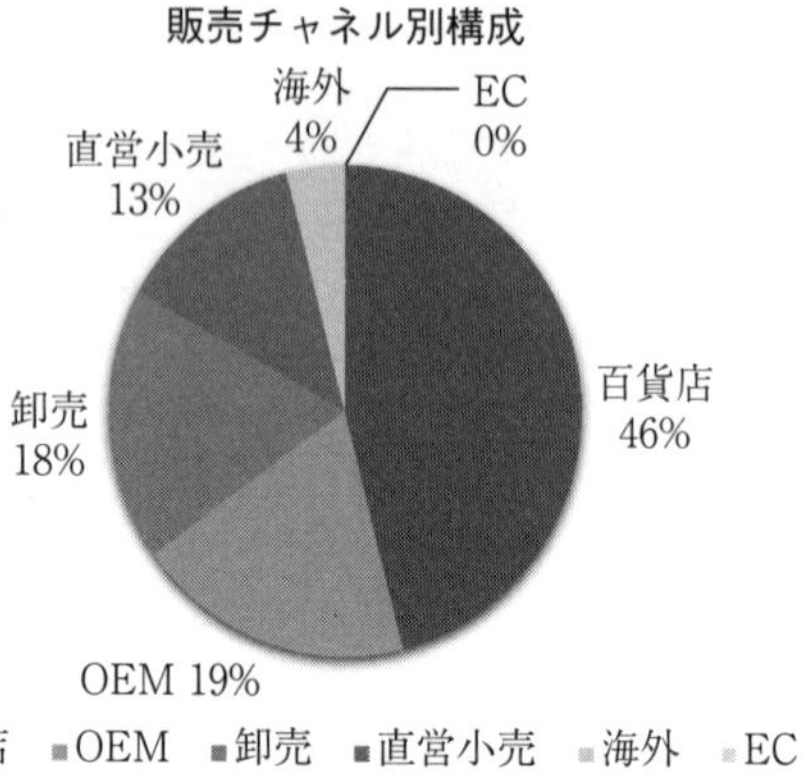

出所：㈱ナガホリ提供

多くのブランドがあります。そのうちのいくつかのブランドは当社の取引先で、それぞれのブランドの商品を当社の工場で製作して、提供しているというような仕事です。卸売とは、二次問屋と日本全国にある宝石専門店、チェーン店に当社商品の卸売をしています。この販路はミドルレンジの商品の販売が主流です。その次が当社の直営小売事業ということになります。

今、販売チャネルのお話をしましたけれども、商品政策はどのようにやっているかというと、市場と対象のセグメンテーションを考えて、それに対して商品開発をしています（資料14）。

セグメンテーションはさまざまな角度や

資料14　ナガホリの経営戦略について：
商品政策（マーチャンダイジング）

販売チャネル政策と商品政策は車の両輪である。
◆商品政策（マーチャンダイジング）
・ラグジュアリー（富裕層）
・ミドルレンジ（30歳～50歳台、世帯収入700～1500万円）
・ヤング層（20歳～30歳台、Z世代）
・ブライダルマーケット
・アニバーサリー需要

出所：㈱ナガホリ提供

視点によって切り口が変わってくると思うのですけれども、ここにあるのは、上から説明をいたしますと、ラグジュアリーというのは、年齢層というよりはどちらかというと所得を切り口にターゲットを決めています。その次のミドルレンジ、ヤング層というのは、それぞれ年代別、世帯収入も多少関係あるのですけれども、世代別で商品開発をしているということです。

マーケットとして別の切り口から捉えているのが、ブライダルマーケットとアニバーサリーマーケットなのですけれども、これはオケージョンですよね。機会需要として一つのカテゴリーを形成しておりまして、ブライダルマーケットというのはわれわれにとっては非常に大事なマーケットでして、そこで熾烈な戦いを日々しているというような状況が何十年来続いています。なぜこのマーケットが重要かというと、日本の人口問題が少子高齢化に直面しているとはいえ、年間の婚姻組数は現在でも50万組程度ありますので、婚約指輪や結婚指輪の需要は確実にあります。また、この機会は多くの女性にとって最初の高価なジュエリーを所有する機会にもなりますので、女性がその後もジュエリーに対して興味を持ち、顧客化する入口となることから、各社が競ってこのカテゴリーに参入してくると考えられています。

アニバーサリー需要というのは、お客様に対していろいろな提案ができるのですけれど有名なところでいうと、結婚10年目のスイートテンダイヤモンド、結婚30年目の真珠婚、還暦祝いルビーなどがあります。そういった機会を一つのターゲットとして商品政策を組み立てていくというようなやり方も業界では広く浸透しており、もちろん当社でもこのセグメントは重要視して商品開発を進めております。

次に、ブランド別の認知度と価格帯のポートフォリオをマッピングしているのですけれども、長方形のものが当社もしくは関連先のブランドで、楕円形が他社です（資料15）。

長沢先生がお得意とされているハイジュエリー、ラグジュアリーブランドというのは認

資料15　ナガホリの経営戦略について：
認知度と価格帯のポートフォリオ

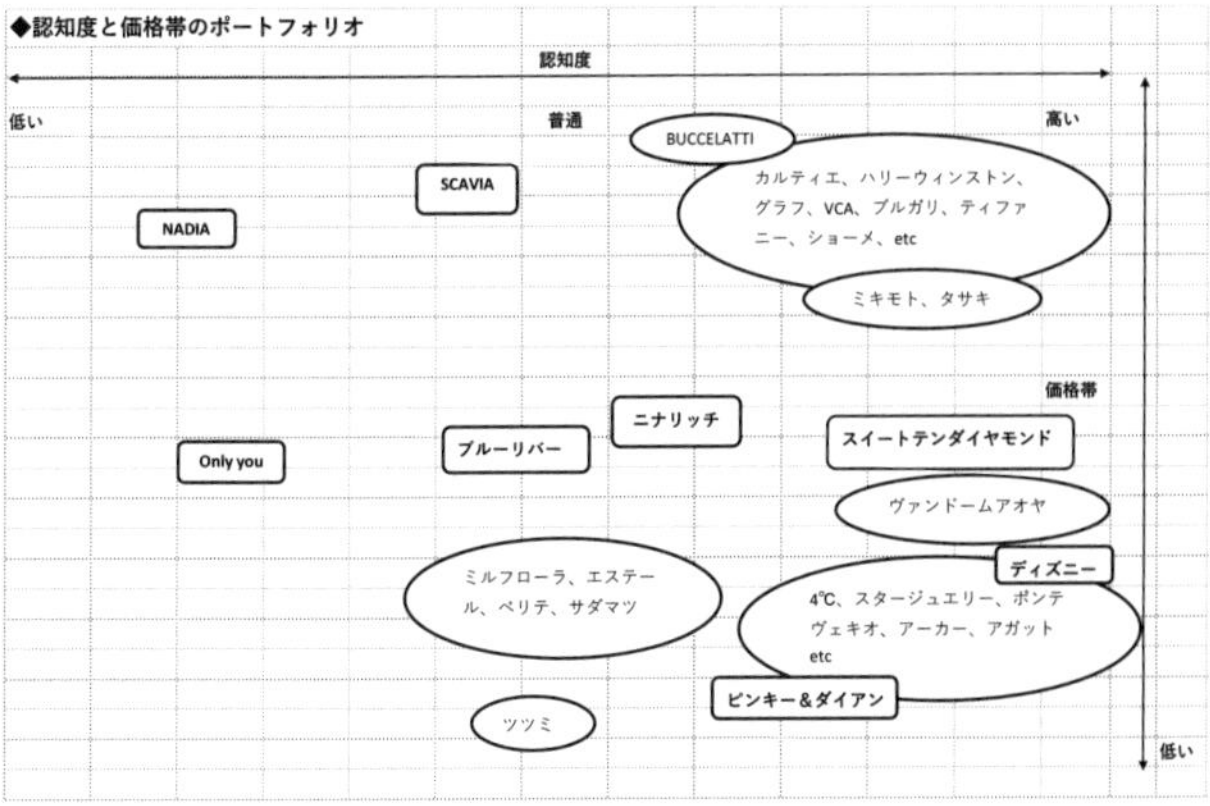

出所：㈱ナガホリ提供

知度も高いし価格も高いという、そういう一群です。当社が扱っているブランドにはSCAVIA（スカヴィア）、BUCCELLATTI（ブチェラッティ）があるのですけれども、残念ながらBUCCELATTIは一昨年（2020年）にイタリア本社がスイスのリシュモングループに買収されて、当社での取り扱いは終了しました。したがって、現在はハイジュエリーのカテゴリーで補強が必要であると考えています。

　このNADIA（ナディア）というのは後段でお話ししますけれども、今、われわれが一生懸命育てているブランドで、将来的にはこのマッピング上、NADIAをこの辺にもっていくというのがわれわれの目標であります。とにかくいろんなブランドが多数乱戦型の市場に参入しておりますので、非常に競争が激烈であるということであります。

デビアス社のマーケティングとナガホリ

次に、デビアス社のマーケティングとナガホリと題して、われわれのジュエリー業界では欠かすことのできないお話をさせていただきます。デビアスとナガホリはどのような関係があったのということをお話したいと思います。

最初に皆さんにお伺いしたいのですが、デビアスという名前を聞いたことのない人いますか？　知らないという人。こんなにいるんだ。では、次。「A Diamond is Forever」というキーワードを聞いたことのない人は？　お二人。では、次。「ダイヤモンド婚約指輪は給料の3カ月分」という言葉を聞いたことのない人は？　「結婚10周年目のスイートテンダイヤモンド」という言葉を聞いたことのない人は？　知っている。ご存じですね。よかった、ちょっと安心しました（笑）。

資料16 デビアス社のマーケティングとナガホリ：デビアス社について

◆デビアス社について
1880年 セシル・ローズによりデビアス鉱山会社が南アフリカで設立
1888年 ロスチャイルド家他による支援を受けて新デビアス De Beers Consolidated Mines Limited となる。
1925年 ドイツの鉱山事業家アーネスト・オッペンハイマーが株主となり支配する。
現在はロンドンとボツワナ２拠点を本部機能とする鉱山会社である。
◆デビアス社のマーケティング
“A Diamond is Forever（ダイヤモンドは永遠の輝き）”

出所：㈱ナガホリ提供

デビアス社というのは、１８８０年に「セシル・ローズによりデビアス鉱山会社が南アフリカに設立」とされていますけれども、これは帝国主義の時代です。ケープ植民地と呼ばれていたころの南アフリカでダイヤモンド鉱脈を見つけたということです。その後、ロスチャイルド家ほかによる支援を受けて、De Beers Consolidated Mines Limited という会社になり、その後長い間にわたり、オッペンハイマー家がオーナーとして君臨していました。現在はロンドンにマーケティング関係の本社、ボツワナに製造、鉱山採掘関係の本社がある、いわゆる鉱山会社なのです（資料16）。

デビアスのマーケティングで一番有名な

キャッチコピーが、先ほどお話しした「A Diamond is Forever（ダイヤモンドは永遠の輝き）」。これは長沢先生の本にも書いていますね。「20世紀において最も成功したマーケティングだ」と書かれていました。

では、マーケティング的にデビアスは何をしたかというと、まず最初にダイヤモンド婚約指輪のキャンペーンを行いました。先ほどお話しした「ダイヤモンド婚約指輪は給与の3カ月分」というキャッチコピーを作って、日本全国で1972年から2003年にかけて、テレビや映画館で集中的に広告を出しました。ピークは1980年代、1990年代で、先日、以前デビアスで働いていた人に聞いたら、ピーク時は年間で5億円以上の広告宣伝費を使っていたとおっしゃっていたので、それだけ当時は認知度が高かったと思います（資料17）。

私みたいな50代、あるいは40代後半の男性からすると、結婚するときに相手に給与の3カ月分のダイヤモンド婚約指輪を買わなきゃいけないのか？　みたいなことをけっこう思っていまして、私は買っていないですけれど、家にあったから（笑）。当時の20歳台のお給料は20万円台くらいであったと思います。ですから20万円台後半で3カ月だったら、70万から80万円のダイヤモンド婚約指輪を買わなくてはいけないという、すごく強迫観念

資料17　デビアス社のマーケティングとナガホリ

◆ダイヤモンドエンゲージリングキャンペーン ～ダイヤモンド婚約指輪は給料の３ヶ月分～ ・1972年～2003年にかけてTV、映画館で集中的に広告宣伝。ピークは80年～90年代 ・当時の婚約指輪取得率は80％台（81％）。 その後、90年代は70％、2000年代は60％、2010年代は50％。

出所：㈱ナガホリ提供

があって、よく結婚前の男性同士でも、「どうする？　どうする？」みたいな話はしていました。今はそういうことを言われないので、今の男性はそういった部分ではちょっと楽なのかなと思うのですけれども（笑）。

そういった効果もありまして、当時は結婚するカップルの80％がダイヤモンド婚約指輪を買っていました。残念ながら、その後、徐々にその取得率が下がって、２０１０年には50％。昨年、実は一般社団法人日本ジュエリー協会で久しぶりにリサーチをしたのですが、２０２１年のダイヤモンドの婚約指輪取得率は45％でした。平均単価が25万円。だいたい１カ月分。

これはいろいろな背景があって、結婚というイベント自体が、そもそもジミ婚と呼ばれるようにお金をかけない風潮になったというのと、そこにお金を使うんだったらもう少し新婚旅行でいいところに行こうとか、そのような代替需要が増えたこと、選択肢が増えたことで、婚約指輪の取得率が下がったと一般的には分析はされています。業界としてはこれは非常に大きな問題でして、今、当社も所属している一般社団法人日本ジュエリー協会では、いかに45％まで下がった取得率を上げるかということをテーマとして、マーケティング活動をしていかないと、消費者のジュエリー離れが拡大してしまうとの危機感と問題意識を持っております。

その次が結婚10周年目のスイートテンダイヤモンド。これはダイヤモンド10石を使用したジュエリーで、先ほど話したアニバーサリー需要を喚起するためのプログラムです。テレビＣＭや映画館でのシネアド（上映前の広告）により認知度が向上しました。これはけっこう皆さんご存じだったので、すごくうれしかったというか、安心しました。キャンペーンは２０００年に終了してしまいましたが、当時はものすごく売れたものですから、「何でやめちゃったの？」みたいな話になって、「ナガホリさん、もう一度やろうよ」っていろんな方に言われて、実は２００７年にナガホリが単独でスイートテンダイヤモンド商

資料18　スイートテンダイヤモンド「Circle」

◆結婚10周年目のスイートテンダイヤモンド
(1990年～2000年)
・ダイヤモンド10石を使用したジュエリー。
・アニバーサリー需要を喚起するためのプログラムでTVCMや映画館でのシネアドにより認知度が向上した。

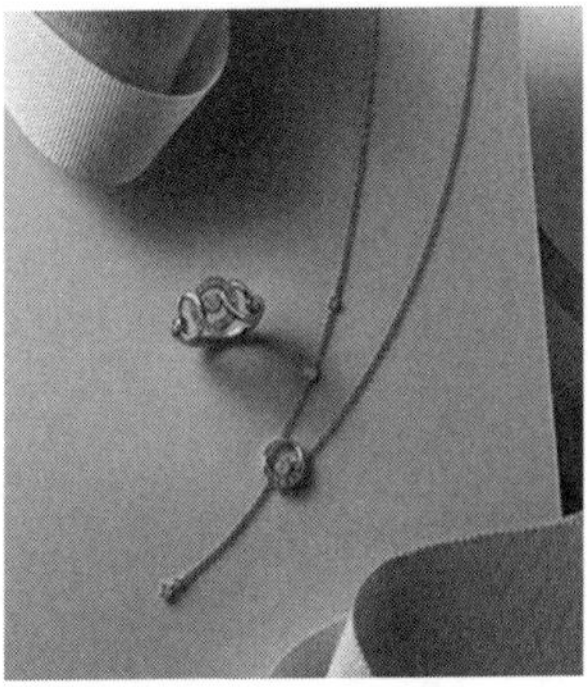

出所：㈱ナガホリ提供

標をデビアス社での入札でウン千万円払って権利を落札しました。2007年の少し前に当社独自でインターネット経由でリサーチをかけたら、当時の認知度が94%でしたから、かなり高い認知度だったと思います。最近は実施していないからわからないのですけれども、ここにいる皆さんがほぼ100%だったから、そんなに落ちていないかもしれません（資料18）。

ただ、これも先ほどの「ダイヤモンド婚約指輪は給料の3カ月分」ではないですけれども、10周年目を迎える男性は、「どうする？　奥さんに何か買わなきゃいけないのかな？」みたいな話をよく喫茶店とかでしていて、「これって男性の敵だよね」と私はよく言われました（笑）。だからバッグや洋服、時計など他の物を買った人とか、あるいは旅行に行ったりした方とかもいるのですけれども、ナガホリとしては、今日の講義には男性もけっこういらっしゃるので、買ってもらいたいと思います。しっかり結婚10周年、インプットしておいていただければ幸いです（笑）。

その後、ダイヤモンド婚約指輪やスイートテンダイヤモンドほどインパクトはなかったのですけれども、ダイヤモンド・ライン・ブレスレット、トリロジーというようなブランド名でキャンペーンを行いました。ここにも書いてあるとおり、俳優の反町隆史さんと松嶋菜々子さんの結婚発表の時の記者会見で松嶋菜々子さんがダイヤモンド・ライン・ブレスレットを着けていて、翌日には取扱店に電話が殺到して大ブレークしました。こういう感じのラインのモチーフのジェエリーです（資料19）。

トリロジーがデビアスの２００４年からスタートした大型キャンペーンとしてのブランドでした。３石のダイヤモンドを使用したペンダントや指輪、ピアスなどをキャンペーン参加メーカーで製作して販売しました。このキャンペーンでもかなりの数量のダイヤモンドジュエリーを販売することができました。

２００９年以降は時代も変わって、フォーエバーマークという、コンフリクトフリーと

資料19 デビアス社のマーケティングとナガホリ

◆ Diamond line Bracelet
ダイヤモンド・ライン・ブレスレット
2000年～2005年
・ダイヤモンド多石使いのブレスレットを中心としたアイテム。
・反町隆史と松嶋菜々子の結婚発表
大ブレイク
◆ TRILOGY トリロジー
2004年～2009年
・ダイヤモンドを3石使用したジュエリー
・現在～過去～未来がコンセプト
◆ Forevermark フォーエバーマーク
2009年～
・コンフリクトフリー、産地証明等、SDGsを意識したブランド

出所：㈱ナガホリ提供

か原産地証明とか、SDGsを意識したブランドで展開しています。これは2007年にレオナルド・ディカプリオが主演した『ブラッドダイヤモンド』という映画があり、世間で話題になりましたが、そのころからデビアスもそういうところを意識し、クリーンなサプライチェーンを改めてアピールする必要性から方針変更をしてきたということだと思います。

ここで皆さんにお伺いしますが、デビアスのマーケティングの狙いって何だと思いますか？　デビアスって鉱山会社ではないですか。だから、鉱山を稼働させるためにはダイヤモンドの個数をたくさん売ることが必要なのです。1個大きいダイヤモンド

を売るよりは、１００個小さいダイヤモンドを売ったほうが鉱山業にとっては大事であるとデビアスの方から聞いたことがあります。最初はダイヤモンド婚約指輪のキャンペーンをやったのですけれども、1石ではないですか。ですから、スイートテンダイヤモンドだと一遍に10石使用しますし、ダイヤモンド・ライン・ブレスレットは10石以上使用するので、デビアスにとっては効率のよいマーケティングともいうことができます。もっとその後のトリロジーは3石使用の企画でしたけれども。

彼らの基本的な考え方って、根底が鉱山業なので個数なのです。マーケティング部門はロンドンにあり、それこそＬＶＭＨとかリシュモンなどのブランド企業から来たプロがさまざまなプランを考えています。一方では、ボツワナでは鉱山経営や産出量のコントロール、他国の鉱山会社とビジネスをしているのですが、できるだけダイヤモンドの個数や重量カラット数を輸出ができるかというところが、長い間彼らの、今風にいうとＫＰＩ（Key Performance Indicator：重要業績評価指標）だったのです。最近では、私ども日本の会社からは、その考え方も少しずつ変化しているような印象を受けています。

このようにデビアスというのは日本のジュエリー業界にとっては欠かせない会社でしたし、われわれも彼らのキャンペーンとがっちり組み相当ダイヤモンドジュエリーを販売させていただきました。ただ、残念ながら、フォーエバーマーク社になって、ラグジュアリーブランドを目指すという方向に舵を切っていきましたので、これからはお付き合いの仕方も変わるかもしれないなとは感じております。

ナガホリのブランド戦略

最後になりますが、ナガホリのブランド戦略についてお話をさせていただきます（資料20）。

先ほどお話ししたとおり、当社は少しずつ歴史の中で業態が変わって、これに加えて外的環境変化として2008年にリーマンショックが起こり、2011年に東日本大震災が発生し、また2020年からは新型コロナウイルス感染症の蔓延があり、ジェットコースターに乗っているよう感覚を日々実感してきました。したがって、経営戦略もその時々の状況に合わせて見直しを続けてきました。

当社がいわゆるブランド戦略というのを意識し始めたのが2001年からです。このこ

資料20　ナガホリのブランド戦略

◆重点推進ブランド
・ラグジュアリー⇒NADIA
・ブライダルマーケット⇒Only you
・アニバーサリー⇒スイートテンダイヤモンド
◆ NADIA
・Made in Japan 日本発のラグジュアリーブランドが目標。
・ターゲット層は40歳 up の富裕層。綺麗さ、着け心地、品質の良さを重視する消費者。
・素材は全て天然由来で処理をしていないもの。
・価格帯：40万円～2,000万円　中心価格帯　80万円

出所：㈱ナガホリ提供

ろに百貨店との取引が急速に増え始めまして、ある程度知名度のあるブランドを百貨店の店頭に導入しないと同じ土俵で戦うことができないということがわかりました。

ここには記載していませんが、２００１年にREPPOSI（レポシ）というモナコのブランドと輸入総代理店契約を締結しました。これは残念ながら今はＬＶＭＨに買収されたため契約は終了しました。その後、２００３年にイタリアのミラノに本店を構えるSCAVIA（スカヴィア）というブランドの取扱いを開始しました。これは今でも継続しており、東京の帝国ホテルに旗艦店を構えています（資料21）。

２００４年には、イタリアのブランド

資料21　SCAVIA本店　帝国ホテル東京

出所：㈱ナガホリ提供

BUCCELLATI（ブチェラッティ）とも輸入代理店契約を結んで、ビジネスを始めました。これも残念ながら、2021年にイタリアの本社がリシュモングループに買収されて、今は当社が取り扱うことができなくなりました。

ただ、こういった2000年から2004年にかけての一連の海外ブランドの日本国内への導入活動というのは、ジュエリー業界内や対百貨店の取引においては相応のインパクトを与えることができて、当社の評価もそこでかなり上がったと考えております。

しかしながら、今申し上げたとおり、結局海外の有名ブランドを導入しても、最終的にはほかに持っていかれるというリスクや、時計業界のように本国による日本法人設立により、販売権喪失のリスクは絶えずありますので、やはりナガホリならではのブランドを育てようという機運が高まったのが、ここ4、5年ぐらいだと思います。そういった中で力を入れているのが、ラグジュアリーであればＮＡＤＩＡ（ナディア）であり、今日パンフレットをお配りしましたけれども、結婚指輪、ダイヤモンド婚約指輪ではOnly you（オンリーユー）というブランド、それとスイートテンダイヤモンド、ほかにもたくさんブランドはあるのですけれども、このあたりを主軸にビジネスのボリュームを増やしていきたいと考えています。

今日はお時間の関係でＮＡＤＩＡについてお話をしますけれども、今、日本発のジュエリーブランドで一番知名度が高いのって、もう皆さんわかっていると思いますが、ＭＩＫＩＭＯＴＯ（ミキモト）ですよね。ミキモトはストーリー性もあるし、日本のアコヤ真珠を世界に広め、多くのファンがいるブランドとして、また商品もすごく綺麗です。その次に頑張っているのがＴＡＳＡＫＩ（タサキ）ですね。聞いたことありますよね？

タサキは、昔はナガホリと同じような製造卸売業からスタートした会社です。田崎俊作さんという真珠に対しすごくこだわりを持った創業者の方がいて、もう亡くなりましたけれど、アコヤ真珠や南洋真珠を養殖して小売店とか百貨店に卸売をしている会社だったのですが、代替わりを契機にファンドに買収されました。そこでクリスチャン ディオールで社長をやられていた方が新生タサキの社長に就任され、リブランディングをして今のタサキになりました。当時業界内では懐疑的な意見が多かったのですが、見事にブランドジュエラーとして再生し、世界に進出しています。今ははるか先に行ってしまったというような状況なのですね。

では、われわれはどうすればいいだろうかということで、自社ブランド、ナガホリオリジナルブランドにも力を入れようということで、MIKIMOTO、TASAKIに続けということで、NADIAに力を入れ始めました（資料22）。

ここにあるとおり、Made in Japan、日本初のラグジュアリーブランドが目標。これからも長沢先生にはいろいろ教えを請いたいと思っています。ターゲットは40歳UPの富裕層。すごくきれいな商品なのです。きれいだし、着け心地もいいし、当社はもともと宝石屋ですから、ものすごくマニアックなこだわりがあって、品質も重視したものです。ですから、実際現物を見るとわかっていただけると思うのですけれども、ほかの商品とは違って、ピカッとしているなというような印象を受けると思います。

資料22　ナガホリのブランド戦略

NADIA
〈フィロソフィー〉

The World of Organic Luxury ようこそ、オーガニック·ラグジュアリーの美しき世界へ。

自然の尊さに敬意を払い、オーガニックなジュエリーの美しさを追求するブランド、NADIA。

いく世代を経ても色褪せない本物の美がここにあります。宝石を身につける。

それはすべての女性にとって、幸せの象徴を意味するもの。

そんな幸せにふさわしい輝きを追求するNADIAの魅力はMade in Japanであること、そしてデザインの独創性とハイクオリティな素材の希少性。

選び抜かれた石たちは、すべてオーガニックな色と輝きを放ち、一つひとつが、自然界の奇跡のような贈り物として身につける女性に特別なオーラを与えてくれるのです。

出所：㈱ナガホリ提供

素材はすべて天然由来で処理をしていないもので、ダイヤモンドは当然ながら天然で、カラーはF up、クラリティはVS upというグレードの高い素材を使いますし、ルビー、サファイアはノーヒート、エメラルドはノンオイルということで、希少性の高い、まさにジュエリーの王道といわれるようなブランドを目指しています。

2022年6月からブランドミューズを新たにいたしまして、美緒さんという方、ご存じですか？　俳優の中村トオルさんと鷲尾いさ子さんの娘さんです。最近では雑誌などでファッションモデルとして登場します。将来が楽しみな女性です。インスタやナガホリのYouTubeにも出てきていますので、お時間があるときご覧いただければと思います。美緒さんをブランドミューズにお願いしたのは、美緒さんと一緒にＮＡＤＩＡもこれから有名になっていくぞという思いを込めて、ターゲットとしている年齢よりは若いのですけれども、あえて若い人を使ってアピールする作戦をとりました（ただし、２０２４年で契約終了）。

これが実際ＮＡＤＩＡのエントリーモデル La Ligue（ラ・リーニュ）でありますけれども、これは若い方でも着けられるジュエリーであるということと、一つ一つの石が違うので同じものが2つありません。工業製品ですと同じものがたくさんありますが、ジュエリーとの一番違いはそれぞれが唯一無二の素材を使っていることです。石が天然のものであれば当然一つ一つ見え方が違うので、そこが心を所有価値、所有していることの喜びに結びつくと思います。これらのシリーズも雑誌などでこれから宣伝しますので、もし皆さんご覧になる機会があれば、ぜひじっくりと見ていただきたいと思います（資料23(a)(b)）。

最後ですけれども、宣伝っぽくなって申し訳ないです。このＮＡＤＩＡを扱っているお店がわれわれの直営店で、銀座6丁目の西五番街に Maison de NADIA というＮＡＤＩＡを中心に展開している旗艦店がありますから、お時間があれば覗いてみてください。あとは高島屋、三越、そごう西武、小田急などの有名百貨店を中心に11店舗で展開をしており

資料23　ナガホリのブランド戦略：重点推進ブランド NADIA

コロンビア産
エメラルド
センター：1.27ct
サイド：0.38ct
　　　　0.35ct
ダイヤモンド：0.66ct

(a) コロンビア産エメラルド

NADIA のエントリーモデル
「La Ligne　ラ・リーニュ」

(b) NADIA のエントリーモデル「La Ligne ラ・リーニュ」

出所：㈱ナガホリ提供

資料24　ナガホリ直営店舗「Maison de NADIA」（東京都銀座6丁目西五番街）

NADIA は高島屋、三越、西武、小田急、熊本鶴屋など11店舗で展開中。
出所：㈱ナガホリ提供

ます（資料24）。

これからわれわれナガホリはＮＡＤＩＡを一生懸命育てていこうということでやっておりますので、皆さん、遠くからなのか近くなのかわかりませんけれども、ぜひ温かい目で見守っていただければと思います。

これをもちまして今日の講義を終わらせていただきます。ご清聴ありがとうございました。（拍手）

【司会（長沢）】　どうもありがとうございました。（拍手）

質疑応答

【質問者1】　ご講演、ありがとうございました。今、日産に勤めておりまして、全体の車種の収益性についてブランディングを含めて管理しております。

いくつか質問があるのですけれども、1つは、いわゆる販路の変化の中でECは、ジュエリーの親和性というところを考えたときに、ちょっとこれは弱いのかなという気がするのです。アクセサリーは別だと思うのですけれど。なので、こういった点をどう考えていらっしゃるのかなというのが1つです。

2つ目が、ECに関係して、デジタルを通じて顧客体験をいろいろと訴求するのは、ビジュアル以外に設計できることはないのかと思うのですけれど、その点はどう考えているのか……。

【長堀】　まずECについてなのですけれども、おっしゃるとおり、なかなかECでジュエリーを買うという方はそんなに多くないですね。われわれも自社サイト、あとは楽天、Ｙａｈｏｏ、Ａｍａｚｏｎに出店していますけれど、どうしてもジュエリーって買うときに現物を見たいですよね。最後に申し上げたように、一個一個違うものもけっこうありますし。販売単価は2、3万円が平均です。そうすると、われわれもその辺の商品は扱っているのですけれども、コストをかけているわりには売上高は増えないというのが現実でして、どうやったらその販売単価を上げることができるのかというのが課題としてあります。

ですから、一つは、要はブランドをうまく確立するということなのか、あるいは見ないでも買えるような大ヒット商品を作るか、そのどっちかだと思っていまして、たとえば、ハイジュエリーでグラフってご存じですか。彼らは話を聞くと、80万円、90万円ぐらいのものがネットで売れるらしいです。なぜ売れるのかというと、グラフだからなのです。グラフだからある一定のスペックで価格に対する信頼性もあるから、お店に行かなくても買おうかみたいな感じで買うらしいのですね。ただ、それがものすごく数多く売れているかというと、そこまではわからないですし、そんな売れていないような気がするのですけれども、販売の実例としてはあるとは思うので、ある程度やはりブランドを確立していけば、イコール単価を上げることができるということはあるとは思います。

もう一つ、ヒット商品を作るというのは、これは当社の自慢話になってしまうかもしれませんが、去年まで東京2020のオリンピック小判というのを数年間扱ってきたのですけれども、これは10グラム、20グラム、30グラムがあって、だいたい30万とか60万とか……100万とかかっていうのがあったのですけれども、それはやはり限定商品であるということと、スペックが見に行かなくてもわかるということで売れたと思いますが、これは特殊事例だと思います。

デジタルとの親和性の部分については、私どもはまだやってはいないのですけれども、業界の中では実店舗で表参道にカフェを併設したところがあり、そこではサンプルだけディスプレイをして、実際はネットで注文するみたいなことをやっている会社はあるので、ゆくゆくはそういったこともビジネスモデルとしては考えないといけないと思っております。どうしてもジュエリーの場合、皆さん、見たいというのがあって、画面上だけだとなかなか決めきれないという、購入まで至らないというのがあるようですね。お答えになっていますか。大丈夫ですか。

【質問者2（伊達）】 貴重なお話、ありがとうございました。セイコーウオッチに勤めております伊達佳内子と申します。すばらしいジュエリーを拝見して欲しいなと思って、頑張りたいなと思います（笑）。

お伺いしたいと思いましたのは、最近話題であるサステナビリティのカテゴリーについいてなのですけれども、先ほどのお話の中でデビアス社がフォーエバーマークを展開されているとのことですが、サステナビリティのブランドですよね、これを意識をしたりとか、国際的には意識は高まっていて、レスポンシブルジュエリーカウンシルとかも最近では大変話題になっているようです。御社の中でどのような取組みをされていくのか、ご予定がありましたら、教えていただきたいと思います。

【長堀】 ＳＤＧｓというのが、今、聞かない日はないぐらい聞くのですけれども、この業界全体を見渡して、今日話そうかな、だけど時間がないからやめておこうと思ったのが、合成ダイヤモンドの話なのですね。合成ダイヤモンドの会社の人たちは、ＳＤＧｓを前面に打ち出してマーケティングをしているので、そこをお話ししようかと思ったのですけれども、また次回お呼びいただいたらお話しします。

当社に関していうと、ＳＤＧｓというのは責任ある調達ということで、いわゆる紛争ダイヤではないものをサイトホルダーというのですけれども、そこから輸入しています。トレーサビリティというのですけれども、コンフリクトフリーのダイヤモンドの原石を買って研磨して、それを日本にわれわれが輸入して、それを使って製品を作るというサプライチェーンはもうすでに何年も前からやっています。あまり有名ではないですけれども。

デビアスのフォーエバーマークがすごいのは、さらに鉱山までわかるのですね。今、鉱山までわかるというのはデビアス社とティファニーだけかと思います。ティファニーは鉱山を持っている。これはティファニー社の鉱山のものを使っている。そういうふうにすれば、要はマネーロンダリングではない、資金洗浄とか武器にお金が行ったとか、そういうものではないダイヤということが証明できます。今の時代には、そういったニーズもあって、必要になると思っています。ナガホリは今の段階ではそういうサイトホルダーが、認証を受けたコンフリクトフリーといわれている原石を買って、それを磨いて輸入しましたというところまでしかできていないというのが現状です。

ついでにお話しすると、ＳＤＧｓの観点からは、当社の福島県相馬市の工場にメガソーラー太陽光発電事業を行っています。今は東北電力に売電してますが、計算するとナガホリの2工場で使っている電力量とほぼイーブンなので、そこもＳＤＧｓに貢献できるのではないかと思っています。今は対外的にまだアピールはしていないので、将来は企業としてアピールする可能性があります。ですから、もしそういう記事を見たら、あのとき長堀社長が言っていたことだと思っていただければ幸いです。

【質問者3（小幡）】　お話、ありがとうございました。小幡と申します。住友商事という総合商社で働いています。私自身は全然ジュエリーと関わりがなく、普段は国内向けの仕事をしております。

お伺いしたかったのが、今日お話をいろいろお伺いした過去の事例とかで、最初のほうのページでジュエリーの価値を4つ示していただいた中で、最後の情緒的価値を訴求するような今までのご実績をいろいろ教えていただいたと思います。けれども、新しくＮＡＤＩＡを推進していくうえで訴求していきたいポイントって、情緒的価値だけではないのではないかなと思いますので、どこを訴求していきたいのかというところをお伺いしたいのと、その目指すものと現状のギャップというか、どういう課題があるのか教えてください。

【長堀】 鋭い質問ですね。ＮＡＤＩＡは情緒的価値を訴求するという部分と、きれいなので所有価値という部分があると思いますし、日常的に、お仕事にもよるのでしょうけれども、お仕事にも着けていけるような使用価値もあると考えています。もう一つはＳＤＧｓということで、要は手を加えていない、無添加食品ではないですけれども、そういったものを素材の大半に使っているので、オーガニックという言葉が出てきたかと思うのですけれども、そういったところを全面的に押し出していって、今の若い方ってすごくそういったところには敏感なので、そこを訴求していきたいと思っています。

もう一つ足りないところでいうと、これは以前にトヨタに関する本を読んでいて思ったのですけれども、豊田章男さんが「レクサスに足りないのはヒストリーだ」と言っていたのですけれども、そこなのかなとは思います。ですから皆さんの宿題で、「俺だったらこうするよ」みたいな、ぜひそういったところを期待しておりますので、アイデアをお出しいただけたらなと思います。

【質問者3（小幡）】 ありがとうございます。

【質問者4（井上）】 本日は貴重なお話をありがとうございました。私は不動産事業関連をしております、井上と申します。よろしくお願いします。

私の固定概念としましては、私も宝飾は女性が着けるものというのを、先ほど社長がお話された、女性にどうしても捧げなくちゃいけないという、ちょっと強迫観念に最初から捉われています（笑）。そこで、今後男性が身に着ける宝飾の商品とか、そういった展開がありましたら、ちょっとお話を。

【長堀】 すごくタイムリーな質問です。今、ジェンダーレスといわれているので、われわれもジェンダーレスジュエリーを作ろうという動きをしています。たまたま一昨日、われわれの子会社で、そこは金製品の販売が得意な会社なのですけれども、そこがジェンダーレスジュエリーを作りました。どっちかというと『LEON』の「チョイ悪」系の、そういうブレスレットとか指輪とかネックレスとか、そういうのが主体なのですね。

あとは、今日、この建物（早大11号館）の1階に行ったら、パール男子という言葉があるのですが、パール男子を見ました。今まで真珠のネックレスって女性しかしないではないですか。けれども去年ぐらいから真珠のネックレスをする男性も見かけるようになりました。

【質問者4（井上）】 それは真珠ですか。

【長堀】 はい真珠です。ネックレス。ネックレスをしている男の子が早稲田大学にいたというのは衝撃的でした。「ええっ？ 早稲田にこんなおしゃれな人いるの？」みたいな、失礼なことを言いましてすみません（笑）。渋谷にあるA大学とかそういう大学だったらわかるのだけれども、パール男子って実際に街にいるのですよ。去年、紅白歌合戦でSnow Manがしていました。雑誌とかでもちょこちょこ出ていますし、アメリカの大リーガーとかでも、黒真珠というので、タヒチで取れる真珠のネックレスをしたりしている映像も観ることがあるので、ぜひ皆さん率先して着けていただきたいと思います。

【質問者4（井上）】 わかりました。お金の都合もありますので（笑）。

【長堀】　ぜひぜひ（笑）。ジェンダーレスジュエリーも推進することはわれわれのマーケットが広がることなので、ぜひ今日の受講者の皆さんに着けてもらえるとうれしいです。

【質問者4（井上）】　ありがとうございました。

【司会（長沢）】　ジュエリーではなくて、野球の選手なんかよく胸元にじゃらじゃらと。

【長堀】　あれは金ですよ。

【司会（長沢）】　それはビジネスに。

【長堀】　やっています。プロ野球の中田選手とかがしています。

【司会（長沢）】　それももっと伸びてほしいですね。

【長堀】　ほしいですね。

【司会（長沢）】　そうですか。では、ターゲットを男性にシフトしましょうか（笑）。

【長堀】　先生に怒られそうですけれど（笑）。

【司会（長沢）】　女性の深掘りはどうでしょうか。

【長堀】　女性はひところに比べるとジュエリーを着けなくなったなという印象がわれわれの業界にはどうしてもあって。それはさっきお話ししたように、ダイヤモンド婚約指輪の取得率の低下とか、そういうのも要因としてあるのです。ですから、業界団体としていろいろプロモーションをかけたりとかして、もうちょっとジュエリーを身近なものにしたいなという思いはあります。

【司会（長沢）】 はい、ありがとうございます。

【質問者5】 先ほどおっしゃったブランディングについてなのですけれども、今おっしゃられたように、ストーリー性って大事なんだなと思います。特に男性目線で見ると、車とか時計とかはストーリー性が大事なので、それをベースに価値判断することが多いと思うのですけれども、女性についてはどういったところが価値判断の基準なのでしょうか。私自身もそれはわからないところがありまして。デザインだけではないでしょうし、何らか、周りの皆さんが着けていらっしゃるからって、そういったのはあるでしょうし。それはどういうふうに考えられているのか教えていただきたいと思います。

【司会（長沢）】 女性にストーリーがそもそも受けるか？ という質問ですね。

【長堀】 本当におっしゃるとおりで。男性はわりと機能とかスペックとかにこだわるではないですか。だけれど、女性はきれいとかかわいいとかっていう言葉がどうしても多いですね。私もお客さんと対峙していると、そういう言葉が多いので…。そこは強調しないといけないのですけれども、われわれが戦おうとしているフランスとかイタリアのメゾンのジュエリーたちは、やはり18世紀とかその頃からあって、歴史を前面には出さないですけれども、たとえばショーメだったら、ナポレオンの奥さんのジョセフィーヌに贈ったティアラを作ったのはうちですよみたいなストーリーがあるじゃないですか。そこまで大それたものは考えてはいませんが、そういったものを作りたいとは思います。

それを実現する一番オーソドックスでかつ多くのブランドが実践している作戦は、やはり有名人に着けてもらって、さっき松嶋菜々子さんのお話をしましたが、あのようにやるとブランド認知度も向上します。今朝、日本テレビを見ていたら、新垣結衣さんが以前当社で扱っていたBUCCELLATI（２０１８年までナガホリが日本総代理店であったがリシュモングループとなり、以後リシュモンジャパンが販売するようになった）のピアスをしているのです。これはやはり売れるだろうなと思いつつ観ていました。

ですから女性目線で考えると、女性が憧れるような有名人なのかイベントなのか、そういった琴線に触れるようなマーケティングができるのがいいのでは思っていますが、そこを逆に教えてください。

【司会（長沢）】 今、テレビで新垣結衣がBUCCELLATIのピアスをしているというのは、新垣結衣がわざわざそれを言ったのではなくて、社長が見て、ああ、BUCCELLATIだと。

ですけれど。

【長堀】 わかります。当社で扱っていましたから。ＰＲ会社が着けさせていたと思うのですけれど。

【司会（長沢）】 ということは、街を歩くとき、長堀社長は女性の顔ではなくてピアスとかネックレスとかを見ている？（笑）

【長堀】 ものすごく見ていますね（笑）。

【司会（長沢）】 ということですね。念のためと思ったら、やっぱりそうでしたね（笑）。

【質問者6】 ヴァレオジャパンというフランスの自動車部品のメーカーの日本法人に属しています。

2つありまして、先ほど社長がおっしゃっていた、競合となるタサキさんがあれよあれよということで行ってしまったというお話でして、それに追いつけ追い越せということで、そういう戦略をされているということなのですが。同じように海外から、クリスチャン ディオールとかのマネジャーとかをお呼びしたりデザイナーを招聘したりするとか。社外の人のプロデュースを考えていらっしゃるのかという質問が一つ。

あとは先ほどお話しされました、BUCCELLATIを残念ながら失ったとか、ちょっと憤慨してしまって（笑）、すごく感情のこもっているお話がちょっと気になりました。そのとき売らない選択肢もあるのではないかなと思ったので、お話しできる範囲で、どういった形だったのかなと気になりました。

【司会（長沢）】 お答えしにくいでしょうか。

【長堀】 全然、大丈夫ですよ。まず海外のデザイナーの招聘というのは、タサキさんは結構やっていて。今われわれは日本人だけなのですけれども、これから成長していくためには、ある程度、多少お金がかかっても、そういうクリエイター的な人を投入していかないといけないのかなとは考えています。ただ、今2022年ですけれども、今年の段階ではそういう予定はなく、検討するとしたらもう少し先になると思います。

BUCCELLATIは、BUCCELLATIの前に最初にやったのはREPPOSI（レポシ）なのですね。REPPOSIはLVMHに買収されました。SCAVIAとのビジネスは継続しています。BUCCELLATIは、セイコーグループの和光さんが長年やられていて、当社も2004年から販売代理店契約を締結して展開を始めましたが、イタリアの本社がリシュモングループに買収されたのです。ちょっと寂しいなというのは、最初から交渉していたのは私なので、私が現地まで何度も行き、向こうのオーナーと直談判して、何年契約でいくらぐらい買うから……というのをずっとやっていたので、そういう思い入れがあったということとですね。

REPPOSIにせよ、BUCCELLATIにせよ、実はその背景に代替わりがあったのです。REPPOSIは父から娘が経営者になって、BUCCELLATIも3代目から4代目になったのが契機になりました。世代が変わったときにファミリーだけでビジネスを継続していくのは難しいから、大手資本のサポートが必要なのではないかなと彼らは判断したと推測しています。

【質問者5】 ありがとうございます。

【司会（長沢）】 ありがとうございます。ほかはいかがですか。セイコー、和光のつながりで、伊達さん、もう一度。

【質問者7（伊達）】 ありがとうございます。今の質問ともしかすると関連するかもしれないのですけれども、今、おそらく日本国内の市場というのをメインのターゲットにされていると思うのですが、今後海外に向けての戦略というのも念頭におありなのかどうか。NADIAのコンセプトといいますか、魅力というところに、Made in Japanというのを書かれておりましたので、Made in Japanというのは日本の市場で輝くものなのか、あるいは海外の市場でこそ輝くものなのか、私自身もどうなのかなというふうに思うところがあるのです。ぜひこの答えをお聞かせください。

【長堀】 海外での販売も当然考えていまして、特にアジアの人って日本製に対する思い入れが強いというか、日本製のジュエリーはすごく人気があるのですね。ですから、ミキモトさんにせよ、タサキさんにせよ、ヨーロッパよりは実は中国、香港、シンガポールで売れている金額のほうが大きいはずなので、最初はわれわれも、コロナ終息後の中国と香港の関係にもよるのですけれども、香港、中国市場に行くというのは実は昔一回やったのですけれどもうまくいかなくて、再チャレンジはしたいと思います。

先ほど日本のジュエリーの輸出額についてお話をしましたが、やはり売っているアイテムの大半が真珠なので、われわれとしては、自動車やカメラのように、Made in Japan として海外に輸出する商品に育てられることができればいいという、そういう夢は持っております。

【質問者7（伊達）】 ありがとうございました。

【質問者8（平田）】 イオンモール株式会社の平田と申します。私、海外事業なので、あまり国内のほうはタッチしていないので恐縮ですけれども。

お伺いしたいのは、NADIAの先ほど戦略のところでターゲットとされているのが40

歳以上の富裕層というふうな設定をされているということについて、もう少し具体的に伺いたく思います。これはたぶん身に着けるのは女性の方がメインだと思うのですけれど、購入するのは女性本人なのか男性のパートナーの方とか、どういう想定をされているのかを教えていただきたいと思います。

【長堀】 私もＮＡＤＩＡに限らず、さまざまな販売の現場に立っているのですけれども、女性が自分のお小遣いで買うのはだいたい50万円前後です。富裕層の奥様とかは50万ぐらいはぽんって買います。お客様によりますけれど、１００万円ぐらいでも買える方もいらっしゃいます。ただ、１００万を超えてしまうと、一概には言えないですけれども、全体的なトレンドを見るとやはり旦那様に買ってもらうケースが大半です。

ですから、さっきLa Ligue（ラ・リーニュ）は、これがエントリーモデルですよって言ったのがだいたい上代で40万円ぐらいからあるのですけれども、これはどちらかというと女性が自己購入されて、自分で指輪を着けてとてもきれいね、かわいいと言われて皆さんすごく喜ばれています。

【質問者８（平田）】 ありがとうございます。

【司会（長沢）】 関連して私が追加で。富裕層って簡単にいいますが、この人が富裕層だと顔に書いてあるわけではないので、富裕層というのをどのぐらいきっちり把握できているのかというところをお訊きしたいと思います。そもそも富裕層は増えていますか、日本で。

【長堀】　やはりコロナ禍となって増えたって言いますよね。ですから、よく『日本経済新聞』を読むと、宝石、美術、時計が売れているというのは事実でして、お金の使いどころがないから増えているというところだと思います。

先生のおっしゃる質問に関しては、まず富裕層はどこにいるかというと、あまり街は歩いていないと思うのです。ジュエリーの会社は、帝国ホテルなどの一流ホテルでおもてなしのための展示会というのを開催します。そこに百貨店の外商さんが富裕層のお客様をお連れして宝石を見ていただいて、場合によってはお食事や歌舞伎や宝塚の観劇も併せておもてなしをする機会をつくっています。こういった展示会では富裕層の人たちを見ることができます。

街を歩いているかというと、たぶん車で移動するので、地下鉄で遭遇したりとかそういうことはほぼほぼないと思いますが。たとえば某百貨店の一番ハイエンドのお客様のために開催する展示会というのがあるのですけれども、そこにわれわれも出店しているのです

資料25　講義風景

が、すごいですよ。エルメスのケリーとバーキンの展覧会。いろんな色、いろんな種類のエルメスのバッグを見ることができます。すごいなと感心します。

日本と欧米の決定的な違いは、富裕層にとっての社交界がないことだと思います。だから、日本ではジュエリーを身に着けて行く場所や機会が極めて少ないのです。地方のお客様とお話しすると、女性たちは、「こんな派手なのしたら、近所の人から何を言われるかわからないわよ」などと言われて、なかなか大きいのは買ってくれません。その辺を欧米化するっていうのはどうなのかとは思うのですけれども、われわれにとって一番いいのは社交界みたいなのがあり、そこに自慢のジュエリーを着けていく文化があるといいと思います。ジュエリーを着飾る機会を女性に提供すると、もっと需要は増えるのではないかと思っております。

【司会（長沢）】　もう時間も過ぎていますが、私の特権で最後に一つ。長堀社長がお考えになる「ナガホリらしさ」って何でしょうか。

【長堀】　ナガホリらしさって、うちの会社って、非常に社員は宝石が好きで誠実な人たちが多くて、やはりこだわりがすごいのですよ。石以外にも、ここにちょっと傷があるとか、そういうのは仕入しないですし、とてもマニアック過ぎちゃうのですね。ですから、それが欠点でもあるのですけれども、そこをストロングポイントに変えてマーケティングしようとしているのがＮＡＤＩＡだと思うので、そこを伸ばしていきたいなとは思っております。

【司会（長沢）】　では、ナガホリらしさは「こだわり」でしょうか。

【長堀】　「こだわり」です。

【司会（長沢）】　はい、ありがとうございます。時間も超過しました。ご講演に続いて質問にも全部お答えいただきまして、厚く御礼申し上げます。

それでは、長堀社長に感謝を込めて拍手を。どうもありがとうございました。（拍手）

■編者

長沢　伸也（ながさわ　しんや）

1955年　新潟市生まれ。

早稲田大学ビジネススクール（大学院経営管理研究科）および商学研究科博士後期課程商学専攻教授。仏ESSECビジネススクール・パリ政治学院各客員教授を歴任。工学博士（早稲田大学）。専門はラグジュアリーブランディング論。前商品開発・管理学会長。

主な著書に『ラグジュアリー戦略で“夢”を売る』、『老舗ものづくり企業のブランディング』、『伝統的工芸品ブランドの感性マーケティング』『地場ものづくりブランドの感性マーケティング』、『銀座の会社の感性マーケティング』、『ホンダらしさとワイガヤ』『高くても売れるブランドをつくる！』『アミューズメントの感性マーケティング』、『ジャパン・ブランドの創造』、『感性マーケティングの実践』、『京友禅「千總」』、『老舗ブランド企業の経験価値創造』（以上、同友館）、『カルティエ　最強のブランド創造経営』、『グッチの戦略』、『シャネルの戦略』、『ルイ・ヴィトンの法則』（以上、東洋経済新報社）他多数。

訳書に『カプフェレ教授のラグジュアリー論』（監訳、同友館）、『ラグジュアリー戦略』（東洋経済新報社）などがある。

執筆協力者（講演者、掲載順、敬称略）

セイコーウオッチ株式会社 代表取締役社長　内藤昭男（略歴は２頁）
リシュモン ジャパン株式会社
A. ランゲ&ゾーネ リージョナルブランド CEO　山崎香織（略歴は74頁）
GIA Tokyo 合同会社 代表社員　髙田　力（略歴は146頁）
株式会社ナガホリ 代表取締役社長　長堀慶太（略歴は210頁）

2025年3月10日　第1刷発行

ラグジュアリー時計・宝飾のブランディング
——グランドセイコー、A. ランゲ＆ゾーネ、GIA Tokyo、
NADIAのトップが語る——

編　者　長　沢　伸　也

発行者　脇　坂　康　弘

〒113-0033　東京都文京区本郷2-29-1
発行所　株式会社　同友館
TEL. 03(3813)3966
FAX. 03(3818)2774
URL https://www.doyukan.co.jp/

乱丁・落丁はお取替えいたします。　三美印刷／松村製本所

ISBN 978-4-496-05753-3　Printed in Japan